肖云天老师与湖北省党委书记、政协副主席丁凤英女士共进晚餐合影

肖云天老师与世界第一两性关系
权威约翰•格雷博士合影

肖云天老师邀请张景贵教授
在宁波演讲合影

世界华人成功学权威陈安之老师给肖云天老师颁发杰出领袖奖合影

肖云天老师与著名演员刘桦合影

肖云天老师与影视大鳄
邓建国先生合影

肖云天与恩师亚洲心灵潜能权威
杨涛鸣老师合影

肖云天老师接受世界第一催眠大师
马修•史维颁发国际催眠师证书合影

肖云天◎著

财富的轨迹

中国财富出版社

图书在版编目（CIP）数据

财富的轨迹/肖云天著. —北京：中国财富出版社，2016.1
ISBN 978-7-5047-5955-9

Ⅰ.①财… Ⅱ.①肖… Ⅲ.①成功心理—通俗读物 Ⅳ.①B848.4-49

中国版本图书馆 CIP 数据核字（2015）第 288529 号

策划编辑 范虹轶 **责任编辑** 邢有涛 单元花
责任印制 方朋远 **责任校对** 饶莉莉 **责任发行** 邢有涛

出版发行 中国财富出版社
社　　址 北京市丰台区南四环西路 188 号 5 区 20 楼 **邮政编码** 100070
电　　话 010-52227568（发行部） 010-52227588 转 307（总编室）
010-68589540（读者服务部） 010-52227588 转 305（质检部）
网　　址 http://www.cfpress.com.cn
经　　销 新华书店
印　　刷 北京京都六环印刷厂
书　　号 ISBN 978-7-5047-5955-9/B·0471
开　　本 710mm×1000mm 1/16 **版　　次** 2016 年 1 月第 1 版
印　　张 12.5 **彩　　页** 2 **印　　次** 2016 年 1 月第 1 次印刷
字　　数 187 千字 **定　　价** 35.00 元

前言

Preface

跟随我，寻找财富的轨迹

财富，这是一个令人兴奋的词汇，一个让人浮想联翩的词汇，一个急切渴望的词汇，一个促人奋进的词汇！很久以来，人们都在孜孜以求地追逐财富，古代如此，生活在现代的我们更是如此，而且对财富的渴望似乎更加强烈！

作为社会的一分子，我对财富也有着急切的渴望。为了摆脱贫困，我背井离乡、辛勤耕种，虽然饱受他人的蔑视，但是渴望财富之心却从未改变过。

在创富的过程中，我打过工，摆过地摊；我债务缠身，不被人理解；我付不起房租，家庭破裂……这些最灰暗的日子却造就了我坚强的个性，让我有了今天的成就。一步步走来，感慨万千！

从业务员到营销主管，从营销主管到营销总监，从营销总监到公司总经理。

办公室从200平方米到1200平方米独栋办公楼。

团队从30人到全国7家公司。

办活动从免费到场场爆满，4年时间举办会议近300场，累计营业额超过6000万元。

从不会玩电脑到如今粉丝团队近1000万人。

从不会带团队，到培养近70位年收入百万元的超级战将，被业界誉为幕后的“老大”。

从白手起家到成为奔驰车主，拥有自己的公司。

……

夜深人静的时候，我经常会想起数以亿计的渴望成功的人，想起他们正在走的弯路。一想到很多人都带着各种怀疑的眼光来看待自己认为的“成功学”，我就会陷入深深的思考——这些“成功学”确实可以改变一个人的命运，不要自以为是地认为那是“洗脑”，其实我们都是在这样的洗脑中度过！

这几年，我一边锻炼，一边摸索，一边总结。当我将自己的笔记本拿出来的时候，终于发现，原来自己成为富翁的过程是这样的清晰可见：拥有财富梦想，孜孜以求地学习，找到自己的人生教练，找到适合自己发展平台，经得起折腾，受得住打击……

为了帮助更多的人实现自己的财富梦想，我打算将自己的这本笔记统统奉上，希望它能够对你的致富之路有所帮助！

跟随我，寻找财富的轨迹！

相信自己，一定可以成为千万富翁！

作　者

2015 年 7 月

目录

Contents

梦想篇　成为千万富翁不是梦

工作篇　思路决定出路

生活篇 你不理财，财不理你

自我篇　识识自我，发现自我

梦想篇

成为千万富翁不是梦

第一章
你的梦想是什么

我们因梦想而伟大，所有的成功者都是大梦想家：在冬夜的火堆旁，在阴天的雨雾中，梦想着未来。有些人让梦想悄然绝灭，有些人则细心培育、维护，直到它安然度过困境，迎来光明和希望，而光明和希望总是降临在那些真心相信梦想一定会成真的人身上。

——［美］威尔逊

让创富的梦想伴随着你

尽快树立起你的梦想，并赋予它强大的力量吧！不要让任何人将它“偷”走，因为有梦想才能让自己的创富之路走得更加顺畅！

一直以来，各种各样的“梦想”都在推动人类前进。马丁·路德·金的著名演说《我有一个梦想》深深震动了美国人的心，这个梦想需要几百万个脚步去丈量。

只有拥抱梦想，才能看见未来！人类因梦想而伟大，真正的梦想是我们对人生的一种期望。

布罗迪是一位英国教师，有一天，他在阁楼里整理旧物时，发现了一沓泛黄的练习册。它们是皮特金幼儿园B（2）班31位孩子的春季作文，题目是《未来我是……》，这些作文已经堆在这里50年了。

布罗迪随便翻了几本，很快便被孩子们千奇百怪的自我设计迷住了。比如：有个叫彼得的小男孩说，未来的他是海军大臣，因为有一次他在海中游泳，喝了3升海水，都没有被淹死。有一个说，自己将来必定是法国的总统，因为他能背出25个法国城市的名称，而其他同学最多只能背出7个。最让人称奇的，是一个叫戴维的小盲童，他认为，将来他必定是英国的一个内阁大臣，因为在英国还没有一个盲人进入过内阁……31个孩子都在作文中描绘了自己的未来：有当驯狗师的，有当领航员的，有做王妃的，五花八门，应有尽有。

布罗迪读着这些作文，突然产生了一种冲动——把这些本子重新发到同学们手中，让他们看看现在的自己是否实现了50年前的梦想。布罗迪找到当地一家报纸，报纸很快便为他发了一则启事。没几天，书信便向雪花般向布罗迪飞来。有商人、有学者及政府官员，更多的是没有身份的人。他们都想知道儿时的梦想，并且很想得到那本作文本，布罗迪按地址一一给他们寄去。

一年后，布罗迪仅剩下一本作文本没有人索要。他想，这个叫戴维的人也许死了。毕竟50年了，50年间什么事都会发生的。就在布罗迪准备把这个本子送给一家私人收藏馆时，他收到了内阁教育大臣布伦克特的一封信。他在信中说：那个叫戴维的人就是我，感谢您还为我们保存着儿时的梦想。不过，我已经不需要那个本子了，因为梦想一直在我的脑子里，我没有一天放弃过。50年过去了，我已经实现了那个梦想。今天，我还想通过这封信告诉我其他的30位同学，只要不让年轻时的梦想随岁月飘逝，成功总有一天会出现在你的面前。

布伦克特的这封信后来被发表在《太阳报》上，作为第一位盲人大臣，他用自己的行动证明了一个真理：谁能把3岁时想当总统的愿望保持50年，他现在一定已经是总统了！

梦想是深藏在我们内心深处最深切的渴望，是我们最想要的东西。一旦给梦想加上一个实现的时间限制，也就有了奋斗的目标。

没有梦想、没有目标，日子就会过得平平淡淡，过一天算一天；有梦想，但是没有目标，就会无法知道自己下一步该做什么；有梦想、有目标，但是没有信念，在遇到困难和挫折的时候就会放弃对梦想的追求。只有那些有梦想、有目标、有信念的人，才能通过自己坚持不懈的努力，最终获得成功。

美国人戴克斯特的梦想是，抓住一切可能的机会锻炼自己，在此基础上开创完全属于自己的事业。为此，戴克斯特拒绝了耶鲁大学给他提供的奖学金。

在成功之前，戴克斯特不仅做过汽车推销员，西尔斯公司等公司的内部推销员，还做过建筑公司的定量工作人员。他的成功开始于一罐名叫 Kool－Aid 的饮料，这种饮料一投放到市场就广受欢迎，并且利润极大。后来，戴克斯特和合伙人波德埃，于 1965 年 11 月 1 日建立了密歇根艾姆卫广告公司，直到这时，他的事业才开始突飞猛进。

戴克斯特也曾有过希望破灭、梦想破碎的过去，但他一直以巨大的热情投入到每天十几个小时的工作中，辛勤的劳动终于换来了梦想成真。今天，戴克斯特的公司已遍布全球，职员达几万人。

其实，戴克斯特的成功，不仅是因为他组建艾姆卫之后所做的事情，还在于他早年建立的基础。这个基础就是以诚实、个性、爱心、忠诚、团结以及对自己能力的信仰构成的精神支柱。戴克斯特一直确信成功会向他招手，他为此做好了充分的准备。当机遇来临时，他紧紧抓住，使梦想变成了现实。

波德埃总结他们的梦想和成功时说："如果你为自己要付出的和要做的设置了一个限度，那你就只能达到这个高度。"正是由于戴克斯特没给自己定下一个限度，而是毫无限制地投入、付出，所以他的成功便没有止境。

尽快树立起你的梦想，并赋予它强大的力量吧！不要让任何人将它“偷”走，因为有梦想才能让自己的创富之路走得更加顺畅！

假如明天是生命中的最后一天

> 假如明天是我生命中的最后一天，它就是个不朽的纪念日，我要把它当成最美好的日子。我要拜访更多的顾客，销售更多的货物，赚取更多的财富。今天的每一分钟都胜过昨天的每一小时，最后的也是最好的！

假如明天是你生命中的最后一天，你会做什么？你会怎样想？

面对这个沉甸甸的话题，相信，很多人都不知道该如何回答。如果古代玛雅人预言的世界末日真的到来，我们应该怎样度过生命中的最后一天？这确实是需要我们去思索、面对的。

美国大片《2012》给我们描述了一个可怕的世界：当灾难来临时，各国人民为了求生都在做最后的挣扎……我相信，如果有一艘神奇的诺亚方舟带着我们离开这个伤痕累累的地球，是最好的事情。可是，这仅仅是一个美好的幻想。

假如明天是生命中的最后一天，我会如何利用这最后、最宝贵的一天呢？首先，我要把一天的时间好好放在衣兜里，不让一分一秒的时间滴漏。我不会为昨天的不幸叹息，不会为了昨天而赔上今天的运气。这时候，时光不会倒流，太阳也不会西升东落，你更无法纠正昨天的错误、无法抚平昨日的创伤……不能！过去的永远过去了，不用再去想它。

假如明天是生命中的最后一天，我会怎么办？忘记昨天，不要痴想明天。明天是一个未知数，未可知，我们完全没有必要将今天的精力浪费在未知的事上？但你想着明天的种种时，今天的时光也将白白流逝。走在今天的路上，既不能做明天的事，也无法把明天的金币放进今天的钱袋里……我不再想它。

如果明天是我生命中的最后一天，我会用喜悦的泪水拥抱新生的太阳；我会举起双手，感谢这无与伦比的一天。生命只有一次，人生不过是时间的累积！如果让今天的时光白白流逝，就等于毁掉人生最后一页。因此，我会珍惜明天的一分一秒，以真诚埋葬怀疑，用信心驱赶恐惧。

假如明天是生命中的最后一天，趁孩子还小的时候，我要多加爱护，明天他们将离我而去，我也会离开。我要乐于奉献，因为明天我无法给予，也没有人来领受。

假如明天是我生命中的最后一天，它就是个不朽的纪念日，我要把它当成最美好的日子。我要把每分每秒化为甘露，一口一口，细细品尝，满怀感激。我要加倍努力，为了自己的创富梦想，直到精疲力竭；我要拜访更多的顾客，销售更多的货物，赚取更多的财富。今天的每一分钟都胜过昨天的每一小时，最后的也是最好的！

梦想还是要有的，万一实现了呢

> 持“反正我也是一贫如洗，再怎么努力奋斗也无济于事”观点的人，往往会一事无成，贫困终生；而抱“虽然我眼下一无所有，但我将努力去奋斗……”想法的人则将成为真正的胜者。

一旦有了成为富翁的梦想，就要立即把它写下来，并为它订下可操作的行动策略；目标一经确定，就要告诉自己：永不放弃、绝不停止，勇敢面对任何挫折和挑战。

有一次，听见同事说：我真想再花六年的时间回到大学去完成学位，可是六年之后我就四十岁了！仔细想想，如果他不去念这个学位，六年之后，他还是会四十岁。如果我们不编织梦想、不设定目标、不订计划，五年后、十年后，又会变成什么模样？其实，成功与挫折都是人生的元素。

梦想，是人生最大的财富。勇敢做梦的人，就是在自己的生命银行里预先开了许多幸福的账户。唯有努力把梦想实现，才能把这些账户存满心灵的基金。

众所周知，犹太人是最会赚钱的！这不仅仅是因为他们的智商高，有经济头脑，更在于他们的性格与信念。犹太人都非常乐观，在不断流浪迁徙、被人屠杀的那些颠沛流离的日子里，犹太人始终抱定着一种信念——生活和命运一定会好转的。假如不是如此，也许现在走遍全世界也找不到一个犹太人了。

一直以来，在犹太民族中都流传着一则名为《飞马腾空》的古老故事。

> 古时候，有一个犹太人惹怒了国王，被判死刑。犹太人向国王请求饶一命，他说："只要给我一年时间，我就能使国王最心爱的马飞上天空。假如一年过后，马儿仍然不能翱翔天空，我愿意被处死刑而毫无怨言。"国王答应了他的请求。
>
> 一个囚犯朋友对他说："你这不是信口开河吗？马儿怎么能飞上天空呢？"犹太人说："在这一年之内，也许国王会死，也许我自己病死，说不定那匹马会先死。总之，在这一年谁知道会发生什么事呢？所以只要有一年的时间，说不定马儿真能飞上天空！"

这个故事告诉我们：人生有许多变数，只要存有一线希望，就不要轻易放弃。在致富这个问题上，关键是看你抱着怎样的心态。如果你渴望赚钱致富以改变自己的贫穷命运，认识自己目前的"一无所有"，对你以后的发展至关重要。

一心想要实现梦想的人，任谁也挡不住他。除非，是他自己先放弃。一碰到阻碍梦想的"石头"就投降的人，永远无法实现梦想。在通往梦想的路上，总是会碰到阻碍行进的石头，必须想办法将它搬开。

所谓的梦想，并非偶尔做梦时才想一想的画面，它是你真心期待一定会实现的念头。阻碍梦想的最大的石头就是：不相信梦想。如果一开始就抱着负面的想法，如：不可能吧！我哪有那么好的运气？我恐怕是痴心妄想吧……还没正式踏上梦想之路，就将自己三振出局。

积极的思想能吸引财富，消极的思想只会将财富拒于千里之外。只要从积极的思想出发，便可以向前迈出第一步。有时你可能也会受到消极思想的影响，不过绝不要轻易放弃努力，尤其当你距离目的地只不过一步之遥时，更不可停下来。

一般说来，持“反正我也是一贫如洗，再怎么努力奋斗也无济于事”观点的人，往往会一事无成，贫困终生；而抱“虽然我眼下一无所有，但我将努力去奋斗……”想法的人则将成为真正的胜者，走上正确的白手创业赚大钱的道路，有很多的“立体人”就是如此！

第二章

成为千万富翁离不开强烈的欲望支撑

人们常常听到这样一句话："是欲望毁了他。"可是，这往往是错误的。并不是欲望毁了人，而是无能、懒惰或糊涂。

——［法］皮埃尔·布尔古

你是穷人还是富人，关键在于有无野心

野心，是人生在世的一种伟大理想。在这个世界上，只有不敢想、不敢做的事，却没有干不成的事！你的野心有多大，未来就有多宽广；野心有多大，聚集的财富也就有多大。

你是穷人，还是富人，关键在于你是否有野心！

法国，一位年轻的媒体大亨不幸患了癌症，即将不久于人世。在过去，他也是一个穷人，但后来，年轻人靠推销画像，在短短十年内，便成为法国的前五十名富翁之一。

这位年轻的富翁去世后，在一份法国报纸刊登了他的遗嘱。富翁在遗嘱中写道：我曾经是一位穷人，也饱尝穷人的苦难。在跨入天堂的门槛之前，我留下自己成为富人的秘诀。如果谁能够回答出"穷人最缺少的是什么"这个问题，猜中我成为富人的秘诀，我将给予这个

人 100 万法郎奖金。我在天堂也会为他祝福。

遗嘱刊出之后，各种五花八门的答案纷纷飞来。大多数人认为，穷人最缺少的就是金钱，有了钱就可以成为富人；有的人认为，穷人最缺少的是机会，因为他们缺少成为富人的机会；也有人认为，穷人最缺少的是技能，有了一技之长才能实现致富的梦想；还有人说，穷人最缺少的是大家的帮助和关爱、权力、地位等。

这位富翁逝世一周年后，他的律师在公证部门的监督下打开了富人在银行的保险箱，向人们公开了富人致富的秘诀，富人认为："穷人最缺少的是成为富人的野心！"在近两千人的答案中，只有一位年仅九岁的女孩猜对了。女孩在领取 100 万法郎的奖金时，说出了对野心的理解："每当我姐姐（11 岁）把她的小男友带回家时，总是声色俱厉地警告我，不要对他有野心！我想，也许野心可以让人得到自己真正想得到的东西。"

如果你想过自己真正想过的生活，而不是过不得不过的生活，就一定要有野心！如果你所设定的目标是一只鹰，你可能只射到一只小鸟；但如果你的目标是月亮，你可能会射到一只鹰。如今，大多数人之所以贫穷，就是因为他们有一种无可救药的缺点——缺乏野心。他们所追求的只是一种平常、闲适的生活，有的甚至只要温饱就行，这就决定了他们一辈子成不了富人。因为他们的目标就是做穷人，当他们拥有了最基本的物质生活保障时，就会停滞不前，不思进取，没有野心会让他们贫穷！

野心，是一种人生在世的伟大理想。在这个世界上，只有不敢想、不敢做的事，却没有干不成的事！你的野心有多大，未来就有多宽广；野心有多大，聚集的财富也就有多大。

开始的时候，在一家大公司里，她是工作在最底层的员工，每天的工作就是端茶倒水，清扫卫生，根本没有人注意她。一次，因为没带工作证，她被公司的门卫拦在门外。她告诉门卫，自己确实是公司的员工，这次是为公司买办公用品去了。可是，她好话说了一大堆，门卫仍然不准她入内。

期间，她眼睁睁地看着那些年龄相仿、身着职业装的白领先后进入了公司的大门，根本没有出示工作证。她问门卫：“这些人没有出示工作证，怎么也都进去了？”门卫用一种鄙视的目光，上下打量了她一番，冷冷地一摆手：“走远点，别烦我！”她感到了莫大的羞辱，自尊心被门卫踩了个稀巴烂！看看自己寒酸的衣着，她的心被深深地刺痛了。

就在这时，一个誓言在她的心头轰然炸响：我一定要创造奇迹，成为万人瞩目的富姐，成为举世闻名的强人！让这种耻辱永远的埋藏地下！从此以后，她便利用一切机会来充实自己。每天，她都会第一个来公司，最后一个离开。她分秒必争，将别人玩乐的时间都花在了学习和工作上。很快，她就脱颖而出。在同一批聘用者中，她第一个做了业务代表。接着，她又依靠超人的努力，成了这家跨国公司的中国区总经理！

她学历并不高，只有自考专科文凭，在中国的经理中被尊为“打工皇后”，后来她又任微软公司中国公司的总经理。她，就是商界女杰吴士宏！

一个贫苦不堪的勤杂工，却因一次人前的难堪、一次刻骨铭心的受窘，竟然成为举世瞩目、无比富有的女中豪杰！试想，如果当初吴士宏没有改变命运的决心，没有成为富人的野心，或许她一辈子都是那个贫穷而卑微的勤杂工！是野心，铸就了今日辉煌！

你穷，是因为你没有极度渴望成为富人的野心！

你穷，是因为你无法战胜自己内心的怯懦！

你穷，是因为你缺乏变不可能为可能的勇气和巨大决心！

有了野心，你才能克服一切自卑，逼出潜能！

有了野心，你才能坚持不懈、不断学习，以最快的速度完善自己！

有了野心，你才会不畏艰难险阻，敢于创造出别人不能创造的奇迹！

野心使人勤奋，平淡会让人枯萎

有了野心，迈出了第一步，再往下做就会是顺理成章的事情了，而此时的成功也就慢慢地靠近了扬帆远航的每一个勇敢者。

有一个关于梦想的真实故事，也是一个关于野心的故事：

一群贫穷的美国孩子，从未离开过自己生活的小镇。但他们为这样的梦想而激动——“我们要周游世界”！

这些靠救济生活的孩子打算通过在报上刊登募捐广告来筹集旅费。但是，高达1.2万美元的广告费从何而来？沉浸在梦想中的孩子们，为实现自己的愿望，开始寻找所有力所能及的杂活，比如洗车、卖报、卖花，一美分一美分地为实现梦想而挣钱……

媒体报道了孩子们的壮举，篮球名将迈克尔·乔丹为之深深感动，以圣诞老人的名义给孩子们寄来了一张1.2万美元的支票，孩子们精心设计的广告终于刊登出去了，结果他们收到了来自世界各地8000多封信，并且每天都有好心的捐款人出现。而让整个小镇沸腾的事是总统亲自来信，邀请孩子们去白宫做客！

一个人，如果终生没有梦想，没有野心，可能会平安地活着，但他绝不会幸福，更感觉不到生活的价值，只能终生碌碌无为，平庸地度过一生。确实，有了梦想，有了野心，我们才会为了这个切切实实的目标去拼搏，去奋斗，去努力实现它。也许，多年后，我们发现，我们的野心最终不能完整地实现，可是，你更会发现，你比以前，已经大大地前进了好几步。

我们拥有的野心简单来说就是为自己制订了一个远大的目标，但是目标再远大，如果不去落实，永远只能是空想。成功在于拥有野心，野心可以激励我们的斗志。但是当目标制订好之后，就要付诸行动去实现它。如果只制订目标不行动，那么所制订的目标就成了毫无意义的东西，而野心也就真正地成为了梦想。

实际上，制订目标是很容易的，难的是付诸行动。制订目标可以坐下来用脑子去想，实现目标却需要扎扎实实的行动，只有行动才能化目标为现实。

万事开头难！要干成一件事情，人们总是觉得迈出第一步困难重重，总是下不了决心，于是便迟疑不决，犹豫不定，今日推明日，明日复明日，这样推来推去便延误了时间，也就推迟了成功之日的到来。

这是因为，一个人要做一件事，常常缺乏开始做的勇气。但是，如果你鼓足勇气开始做了，就会发现做一件事最大的障碍往往来自自己的内心，主要是因为内心缺乏行动的勇气，有了勇气下决心开了头，似乎再往下做就会是顺理成章的事情了，而此时的成功也就慢慢地靠近了扬帆远航的每一个勇敢者。

有了第一步，就会有第二步、第三步……这样不断地做下去，你就会发现离目标越来越近，你的目标也正在渐渐地化为现实。

野心催生了行动的想法，而行动又促使了成功。所以要实现自己的野心，就必须去行动。梦想其实近在咫尺，成功其实就在眼前。

必须大胆往前走，不能遇到困难就退缩

> 创富的过程是曲折的，只有勇敢的人才能到达彼岸。那些曾经雕刻过我们心灵的挫折苦难，都在用一种独特的方式逼迫我们成长，让我们变得更加坚强。

世界著名发明家、企业家、美国苹果公司联合创办人、前行政总

裁史蒂夫·乔布斯，先后领导和推出了麦金塔计算机、iMac（苹果公司的小软电脑）、iPod（苹果公司的一种多媒体播放器）、iPhone（苹果手机）、iPad（苹果平板电脑）等电子产品，深刻地改变了现代通信、娱乐乃至生活的方式。毫无疑问，他是一个疯狂改变世界的天才！

任何成功都不是一蹴而就的，史蒂夫·乔布斯也是在经历了数不尽的失败和挫折之后，在一次一次的摔倒之后，顽强爬起来的。乔布斯是一个成功者，他的成功与他的抗挫折能力是分不开的。

回顾他的人生，不管是在退学后穷困到靠退还可乐瓶换回5美分押金买东西吃，还是他在Macintosh Office（微软办公软件）未能获得成功而陷入了长期的抑郁状态；不管是被自己找回来的CEO（首席执行官）斯卡利“扫地出门”，还是被诊断出患有癌症，被告知寿命估计还有3～6个月的时间……可以说，乔布斯的人生并非事事顺利。

在人生中的“坎”当中，最耐人寻味的是乔布斯在30岁那年被自己一手培育的“苹果公司”的董事会“炒了鱿鱼”。很难想象，当一个人倾注过所有心血的东西不复存在时，心里会怎么想，未来的生活又会变成怎么样。这对乔布斯来说是一个毁灭性的打击。

面对如此巨大的挫折，乔布斯甚至想过逃离硅谷。但挣扎了很久，他渐渐地开始有了明确的想法——他确信，自己仍然热爱做过的一切。苹果公司发生的变故并没有丝毫改变这一点。他虽然被驱逐了，但仍然热爱他十几年来辛苦的事业。带着这样的信念，他积极地思考现状，放下了已有的成就重担，做出了另一个重大决定——重新开始。于是，乔布斯创立了NEXT公司。

可以想象，如果乔布斯没有被苹果解雇，这后面的一切辉煌故事都不会发生。有时候，生活会给你当头一棒，但是只要你不失去信心，促使我们一往无前的唯一动力和目标就会悄悄变得清晰。

创富的过程是曲折的，只有勇敢的人才能到达彼岸。那些曾经雕刻过我们心灵的苦难挫折，都在用一种独特的方式逼迫我们成长，让我们变得更加坚强。乔布斯的人格魅力就在于其人生背后所体现的不可思议的抗挫折能力。

1993 年，陈云南从国企下海，动员亲戚入股，创办了一家糖酒批发公司。靠着不服输的精神和精明的头脑，她仅用了两年时间就使公司年销售额过亿元，成为南京地区酒行业的龙头。可是，事情并不总是一帆风顺。

2000 年，在一个全国糖业烟酒展销会上，陈云南看到一家酒厂的广告很大气，酒的包装也很精美，一时冲动，找到厂家，拿下了此酒在江苏省的总经销权，运回好几车皮的酒。可是，推销不顺，公司资金周转发生了困难。2003 年春天，当“非典”开始肆虐大江南北时，国内餐饮业遭遇致命打击，酒类行业受波及，原本谈成的生意一个个泡汤，数百万元的酒压在仓库里，每月光租用仓库的费用就让陈云南喘不过气来。

那段时间，陈云南也抱怨过，可是很快她就发现，抱怨于事无补。后来，一个朋友介绍她当家教。她教得用心，孩子们都很喜欢她。慢慢地，陈云南的心态发生了改变，她不再单纯地追求成功，只是做着喜欢又擅长的事情，每天进步一点点，不急不躁。这段经历不仅为她走出逆境积累了丰富的人脉资源，还教会她用国际营销的理念来经营自己的公司。

2009 年，陈云南重新开始了创业之路。在一次法国旅游的途中，她结识了当地一位酒庄老板，两人因为对酒文化的认识而相见恨晚。陈云南决定和这位老板合作，并注册了自己的红酒品牌，将公司定位于为优雅成熟的女性提供高品质的红酒产品和红酒文化。

通常情况下，富翁都有着出众的抗压能力。如果想让自己的财富越聚越多，就要像他们一样，不要被挫折、错误和阻力吓倒，要表现出强大的职业道德。富翁对失败风险的评估与普通人有很大不同，在他们看来，没有足够的资金用于把握某个商业机会才是最大的难题，他们会从错误中为重新开始汲取教训。

海明威曾经说过："生活总是让我们遍体鳞伤，但到后来，那些受伤的地方一定会变成我们最强壮的地方。"的确，任何一次苦难的经历，只要不是毁灭，都将变成一笔财富。陈云南用自己的经历完美地诠释了这句话的内涵。

第三章
准备一个记事本让梦想都实现

第一，有梦想。一个人最富有的时候是有梦想，有梦想是最开心的。第二，要坚持自己的梦想。有梦想的人非常多，但能够坚持的人却非常少。

——［中］马云

将实现梦想需要做的事情写在本上

现在是将来的基础，没有哪项成就是“空中楼阁”，不需任何基础就能建起。要想实现自己的财富梦想，有些事情也是必须要做的，在记事本中，一定要将这些事情一一罗列出来！

成功学反复告诉我们“梦想”的重要性，如今人们的梦想可以说是多种多样、五花八门，甚至可以量化，比如：“30 岁拥有自己的企业，40 岁拥有资产 500 万元以上”“10 年后跻身上流社会，做一个人人瞩目的公众人物”。但是，怎样才能做到这些呢？没有根基，房子是无法盖起来的，成为千万富翁的梦想也一样不会实现！

现在是将来的基础，没有哪项成就是“空中楼阁”，不需任何基础就能建起。要想实现自己的财富梦想，有些事情也是必须要做的，在记事本中，一定要将这些事情一一罗列出来！

1. 设定一个合适的目标

一个身居高位的人，一定是积累了很多实际工作经验才顺利升职的；不肯“屈就”的人，往往也难以如他们所愿地登上高位。真正的梦想与现实之间有一座桥梁，只有努力向前，走稳脚下的每一步，才能到达彼岸。如果只溺于理想而逃避现实，就会失去立足之地。

一个人的梦想不是越远大越好，最好的是，能够作为目标引领自己的人生。很多时候，一个人的梦想能否最终实现，最关键的是看对自己是否有着清醒的认识。认识自己是实现自己的梦想的第一步，只有把自己的能力综合在一起，把握自己，才能合理地规划自己的梦想；只有在自己的能力范围内的梦想，才能够实现。

篮球运动之所以那么有魅力，受到全世界的喜爱，是因为篮球架的高度设置得非常合理。如果篮球架有两层楼那样高，面对着两层楼高的篮球架子，几乎谁也别想把球投进篮圈内，也就不会有人犯傻了；如果篮球架跟一个人差不多高，任何一个人不费多少力气便能“百发百中”，大家也会觉得没啥意思。正是由于这个跳一跳、够得着的高度，才使得篮球成为一个世界性的体育项目，美国 NBA（美国及加拿大职业篮球联盟）每年产生的经济效益高得吓人。

篮球架子的高度告诉我们，只有合适的目标才让人们产生兴趣与动力，并且最终能够得到实现梦想的满足。所以，如果不希望自己的梦想真的成为“梦”，就要从自身出发，从现实出发，而不是雾里看花、水中望月。

2. 懂得磨炼自己

如果不肯在现实中磨炼自己，是不可能一下子就能遇上生命的转折点的。即使遇到了好的机会，也会因为自身的准备不足而难以把握。

一个自以为很有才华的人，一直得不到重用，他愁肠百结，异常苦闷。有一天，他去质问上帝：“命运为什么对我如此不公?”

上帝听了一句话都没说，只是捡起一颗不起眼的小石子，把它扔到乱石堆中。上帝说："你去找回我刚才扔掉的石子。"结果，那个人翻遍了乱石堆，也没有找到。这时候，上帝又取下自己手中的戒指，以同样的方式扔到了乱石堆中。结果这一次，他很快便找到了那枚戒指——金光闪闪的金戒指。

上帝虽然没有再说什么，但是他却一下子便醒悟了：当自己仅仅是一颗石子，而不是一块金光闪闪的戒指时，就不要埋怨命运对自己不公平。面对现实，我们所要做的不是怨天尤人、自暴自弃，应该不断磨炼自己，直到有一天将自己打磨成熠熠生辉的金子。

一个人的能力和工作经验才是他走上更高职位的唯一途径！只有今天好好干，明天好好干，才能看到后天的美好。对于追求财富的人来说，都应该认真地思考这样一个问题：现在要做些什么，应该怎样做？现在所做的一切难道就是为了微薄的报酬？或者为了年复一年、日复一日地累计时光？或者是等待时来运转的那一天？显然，这些都不是正确的回答。

那么，究竟现在应该做些什么呢？为以后的成长积累资本，为生活的快乐、幸福做好充分地准备。

将该做的事情进行合理排序

时间管理就是按照事情的轻重缓急安排时间，并确定依次处理事情的方式。以价值为基础的管理是时间管理的核心。

众所周知，一个人的精力是有限的，我们每天都要做很多不同的事情，如果不能分清事情的"轻重缓急"，不但会浪费许多时间，更会让自己的努力全部"归零"。

遍布美国的都市服务公司创始人亨利·杜赫提，曾经把人的两种能力：思考能力和分清事情轻重缓急的能力，作为是千金难求的无价之宝。

查理·鲁克曼靠白手起家，经过12年的努力后被提升为派索公司总裁，他除了拥有10万美元年薪，另有上百万元的其他收入。每当提到自己的成功时，他都要将其归功于杜赫提谈到的这两种能力。鲁克曼的原话是这样说的：“就记忆所言，我每天早晨5点起床，因为这一时刻我的思考力最好。我计划当天要做的事，并按事情的轻重缓急做好安排。”所以，从另一个角度可以这么讲，财富的创造者通常都善于管理自己的时间，分得清事情的轻重缓急。曾有一位杰出的时间管理专家做了这么一个试验：

专家拿出一个一加仑的广口瓶放在桌上，随后取出一堆拳头大小的石块，把它们一块块地放进瓶子里，直到石块高出瓶口再也放不下为止。他问学生们：“瓶子满了吗？”所有的学生都回答说：“满了。”

专家反问：“真的？”说着，便从桌下取出一桶砾石，倒了一些进去，并敲击玻璃壁，使砾石填满石块间的间隙。“现在瓶子满了吗？”他又问。学生有些明白了，“可能还没有”。一位学生低声应道。“很好！”他说。

专家伸手从桌下又拿出一桶沙子，把它们慢慢倒进玻璃瓶，沙子填满了石块的所有间隙。他又一次问学生：“瓶子满了吗？”“没满”。学生们大声说。然后，专家拿出一壶水倒进玻璃瓶，直到水面与瓶口齐平。他望着学生问：“这个例子说明了什么？”

一个学生举手发言：“它告诉我们，无论你的时间表排得多么紧凑，如果你真的再加把劲儿，你还可以干更多的事。”“不，那还不是它真正的寓意所在”。专家说，“这个例子告诉我们，如果你不先把大石块放进瓶子里，你就再也无法把它们放进去了。”

在这个实验中，“大石块”是一个形象逼真的比喻，它就像我们工作中遇到的事情一样。在这些事情中，有的非常重要，有的可做可不做。如果分不清事情的轻重缓急，把精力分散在微不足道的事情上，重要的工作就很难完成了。

时间管理就是按照事情的轻重缓急安排时间，并确定依次处理事情的方式。以价值为基础的管理是时间管理的核心。按照艾森豪威尔原理，我们完全可以将一天的工作任务根据重要性和紧急性分别进行处理。

紧急又重要的任务立即着手处理。

紧急但不太重要的任务，可以少做或委派其他人。

不紧急但重要的任务。这种任务不需要立即解决，可以先放一放，但必须在短时间内完成，可以将这类任务纳入规划，制订出完成期限。

不急也不太重要的任务，可以在完成其他任务之后处理，之前置之不顾。

让记事本拯救你，坚持一下

> 我们如沙漠中的行人，寻找着生命的绿洲。但这绿洲，如虚无缥缈的海市蜃楼，但只要执着地坚持下去，就能找到那甜美的甘泉。

再牛的梦想，也抵不住你傻瓜似的坚持！河蚌忍受了沙粒的磨砺，坚持不懈，终于孕育绝美的珍珠；顽铁忍受了烈红的赤炼，坚持不懈，终于炼就成锋利的宝剑；一切豪言与壮语皆是虚幻，唯有坚持的信念才是踏向成功的基石。

每个人都有梦想，谁都希望让自己的梦想实现，但只有坚持不懈，梦想才能实现。要想让自己的财富不断增值，就要坚持不懈，因为失败乃成功之母，成功也是胜利的标志。

“水滴石穿，绳据木断”，这个道理我们每个人都懂得。为什么对着石头浇水能把石头滴穿了，为什么柔软的绳子能把木头锯断？说白了，还不是坚持？

贝基拉很小的时候就渴望成为一名长跑健将，但由于家境极度贫寒，他不仅拿不出训练费，连最便宜的普通跑鞋也买不起。

那天，贝基拉不知不觉地走到训练场边，望着跑道上那些奔跑的身影，他心头既羡慕，又难过。一位跨栏教练员听了贝基拉的倾诉，将他带到一组很矮的栏杆前。贝基拉一路跑过去，轻松地跨越了一个个栏杆。教练员又指了指一组 1.5 米的栏杆让他再试。他努力了好几次，也没能跨过去。

这时，教练员告诉他："你的那些困难，就像眼前的这道栏杆，它会横在每个人的面前，虽然你现在跨不过去，可是经过多次的努力后，你终将跨越它们。只要盯准你向往的前方，努力向前奔跑，相信没有什么可以拦住你的梦想。"

教练员的一席话点燃了贝基拉的希望，从此，他开始了坚定而执着的赤脚奔跑训练，广袤的原野、泥泞的山路、坚硬的戈壁滩……随处可见他奔跑的身影。数年后，他成了埃塞俄比亚马拉松运动员。

1964 年东京奥运会上，贝基拉夺得金牌，成为奥运史上第一个蝉联这个项目冠军的选手。面对蜂拥而至的记者，贝基拉感慨道："一切都很简单，只要站在跑道上，就没有什么可以拦住奔跑的雄心，就只管向前，再向前，一路向前地奔赴梦想的终点。"

人的一生不一定轰轰烈烈，但一定要踏踏实实；不完美无缺，但一定要真诚善良；不一定成绩显著，但一定要做好喜欢的事；不一定十分富有，但一定要乐。挫折，是人生的一笔财富，经历坚强更是财富中的财富！

实现创富的梦想是一个艰难的过程，需要通过不懈地努力才行。人生的慢慢长路，蜿蜒曲折，看似遥遥无期。我们如沙漠中的行人，寻找着生命的绿洲。但这绿洲，如虚无缥缈的海市蜃楼，但只要执着地坚持下去，就能找到那甜美的甘泉。

荀子讲："锲而不舍，金石可镂；锲而舍之，朽木不折。"这句话告诉我们，一个人如果有恒心，一些困难的事情便会成功克服；如果没有恒心，再简单的事也做不成。创富是一条漫长而艰苦的道路，不能靠一时激情，也不是熬几天几夜的努力就能挣得。所以说：创富贵在坚持！

每个成功人的背后都有一段不为人知的艰辛。他们坚持不懈地努力，刻苦奋斗的前进，为了心中的目标，心中的梦想拼搏奋斗。

第四章
梦想也需要数据化

梦想是生命的灵魂，是心灵的灯塔，是引导人走向成功的信仰。有了崇高的梦想，只要矢志不渝地追求，梦想就会成为现实，奋斗就会变成壮举，生命就会创造奇迹。

——［美］罗伯·舒乐

将自己的梦想写下来更清晰

如果没有明确的目标，更高处只是空中楼阁，望不见更不可及。如果想要让自己的财富有所增值，首先一定要确定这些目标是什么，将这些目标付之于纸上。

如果生命只剩下两年的时间，你还有多少梦想没有实现？将他们写下来，提醒自己！

得知自己身患绝症时，李娜只有39岁，肾癌，晚期。医生冷冰的结论宣告了她生命的长度："最多只有两年时间了。"她就像是一个泥做的陶器，被重重一摔，瞬间崩溃，吃不下饭睡不着觉，头发大把地往下掉，很快便卧床不起。

为了缓解排山倒海袭来的疼痛和对生命的无限绝望，李娜将四十多颗安眠药一下子吞进肚里，除了尽快死亡，她不知道自己还能做什么。丈夫发现了她的异常，及时送院抢救。醒来时，出现在眼前的是头发花白的父亲、满脸泪痕的儿子和一脸焦急的丈夫。

看着父亲伤心欲绝的样子，李娜的心像刀割一样痛。她觉得自己亏欠家人太多，如今生命已经进入倒计时，如果再不为他们做些事情，就没有机会了。李娜拿起笔，颤抖着手，在病历背面写下了生命最后的梦想清单：陪父亲去北京看长城，将儿子送进大学，陪爱好舞蹈的丈夫跳一场完美的舞，给婆婆洗一次脚、梳一次头，出门走走、看看祖国的大好河山……一项一项地写下来，她发现自己的梦想居然有20个。

为了让梦想不只是梦想，李娜开始积极配合治疗，吃药、吃饭、吃水果，冒着可能会加速死亡的危险，毅然选择做手术。李娜知道，只有从床上站起来，才能靠梦想更近。手术后，回家静养。李娜躺在床上，没有忘记自己的梦想。她让丈夫播放了一段拉丁音乐，她则随着音乐节奏艰难地抖抖手、扭扭脖子，经过半个月的锻炼，居然可以躺在床上自如地扭动身体“跳舞”。

逐渐康复的李娜，开始一个一个地实现自己的梦想。首先，陪年迈的父亲去北京，爬长城，游故宫，登天安门。看着父亲沟壑丛生的脸上露出欣慰的笑容，她心里像喝了蜜一样甜；她学会了拉丁舞，每晚丈夫下班后，夫妻两个都会在音乐中牵起手，跳完一曲又一曲；她利用回乡探亲的机会，帮婆婆洗了脚，梳了头。

……

李娜确实是一个英雄，两年之期早被远远地甩在了身后，癌症病人术后五年的危险期也被轻易度过，她已整整走过了七年，癌细胞完全消失，各项身体指标完全恢复正常。也就是说，她用对生活无限的希望赶跑了肾癌，创造了一个生命奇迹！

一个被医生宣判“死刑”的女子，不但好好地活了过来，还让生活越来越精彩，而这一切，都源于那张充满了爱意的“梦想清单”。李娜的故事让我们明白：只要有梦想，一切皆有可能，人生需要有一个又一个梦想来支撑；梦想不止，生命就不息。把梦想写下来，然后一个一个去实现，不经意间，人生也会慢慢发生改变。

生活中，我们经常会听到人们谈论天赋、运气、机遇、智力和举止对于一个人的成功是多么重要。当然，除了运气和机遇，其他因素也是相当必要的。但是，如果有了这些条件却没有坚定的目标，也是不会成功的；如果没有将这些梦想写下来，也是无法做到一一实现的。

要想实现自己的财富梦想，就要有实际行动，但是首要的是找到自己的方向和目的地。如果没有明确的目标，更高处只是空中楼阁，望不见更不可及。如果想要让自己的财富有所增值，首先一定要确定这些目标是什么，将这些目标付之于纸上。

有一位美国耶鲁大学教授，做过这样一个有趣的调查报告：

教授随意选了一个班的学生来进行调查，他首先向这些学生提了一个问题：“你们对未来有具体的理想和规划吗？”有的学生很干脆，立刻说出了自己将来想做什么；有的学生很茫然，因为他们平时很少想自己将来会干什么；有的学生则很犹豫，他们似乎有理想，但又说不出来是什么……教授得到的回答多种多样。

最终经过统计，教授发现，只有10%的学生确认自己有明确的理想。教授没做任何的评论，而是提出了一个要求：“既然有具体的志向，那么能否将它写在纸上呢？”那些明确表示自己有理想的学生很快将他们的志向写了下来。可是，据教授的统计，只有4%的学生的理想是真正具体、可操作的。

20年后，为了追访到当年接受调查的所有学生，看看他们现在都是什么状况，教授带着研究人员几乎跑遍了全世界。追访的结果显示，当年把自己的人生理想写在纸上的那些人，无论是在事业上还是生活水平上都远远超出了那些没有写下理想的人。

另外，还有一份附加的统计显示：最明确自己的理想是什么的那4%的学生，现在所掌握的财富，竟然超过了其他96%的人的总和！这个结果让人们很吃惊，但是充分证明了确定人生理想对一个人的重要性。

看过这份调查报告，我们应当明白这样一个道理：在同等条件下，不管选择何种人生道路，有理想与没有理想的结果是大不一样的。一个人一旦立志思考人生，并开始尝试去实现自己的理想时，他对事物的看法就会有惊人的改变；而那些胸无大志，整天抱着“做一天和尚撞一天钟”的想法的人是不可能取得好的成就的。

设定明确的目标，是所有成功的出发点。很多人之所以没有实现自己的财富理想，就在于他们都没有设定明确的目标，并且也从来没有踏出第一步。社会具有强大的同化作用，许多人背离了人生的真谛，丧失了真情和本性，但只有自己真正想要的才能使我们得到满足。放弃了自身的愿望和需要，我们就会变得麻木不仁，对任何事都无动于衷。

每个人都做过梦：真实的梦，睡眠中的梦，小时候在作文本上写出的梦，与朋友闲聊时做的白日梦……可是，当做梦的年龄过去之后，面对现实，为什么会有惆怅或失落？因为他们的梦想不明确！

一旦明确了自己的财富目标，为了实现它就会发挥更大的心力。在奋斗的过程中，人生的乐趣也会更加显露，生活也会更加丰富多彩，潜在的脑力也会得到发挥。经常有意识地创造出这样的情势，你的财富才会滚滚而来！

没有期限，工作是无法期待成果的

> 在一个小时内，你可以集中注意力工作。设定时间期限可以让你的工作积极性更高，注意力更集中，更高效率地完成每天的工作。

为了让自己的梦想早日实现，给自己设定一个时间期限是十分重要的。

举个例子，如果发现自己经常到了晚上八点还在工作，就可以将自己的工作结束时间设置在晚上七点半。设置时间之后，定个晚上 6 点半的闹钟或是提醒。在这一个小时内，你可以集中注意力工作。设定时间期限可以让你的工作积极性更高，注意力更集中，更高效率地完成每天的工作。

生活中，许多人都有这样的心理特点：对于不需要立刻完成的任务，都会在最后期限即将到来时才开始去努力。在完成一项任务时，总觉得还有很多时间，能拖就拖；一旦到了不能再拖的时候，例如到了规定的时间，基本上也能完成任务。这就是著名的“最后通牒效应”。

有些人认为，人在重压之下，往往会表现得更出色，所以他们会给自己的拖延找借口：“我是故意把事情推迟到最后一天才做的，因为我喜欢这种工作压力。当截止日期临近的时候，我的效率才最高，也会迸发灵感和创意。”

其实，这种观念是错误的！心理专家指出：在压力下，人们的表现只会变差，而不会变好。金庸先生就曾表示：对自己在交稿压力下产生的作品感到不满，因为觉得那些作品没有发挥出他应有的水平。

试想，如果你手上有一个需要 3 个月的时间才能完成的任务，前两个月拖延过去之后，你指望在期限到来之前的 1 个月把需时 3 个月的任务完成，这时候，你能做的事情除了夜以继日外，只有敷衍了事了。如果正好碰到自己生活，或者突然接到了新的任务，怎么办？所以，只有对高负荷工作量的有效限制，才会迎来优异的效率和时间的自由。

行为经济学家丹·艾瑞里和克劳斯·韦坦布洛克针对麻省理工学院的3组学生，进行了一项有关拖延时间问题的研究，结果颇具启发性：

> 他们要求每组学生都必须在12周内完成3项任务。第一组学生完成每篇论文的最后期限分别为第4周、第8周和第12周。第二组学生没有被指定最后期限——3篇论文都须在课程结束时完成。第三组学生被要求自行设定最后期限。
>
> 结果显示，最后期限设定时间分布均匀的学生：包括第一组学生，以及第三组中自行分开设定最后期限的学生得分最高；而没有自行分开设定最后期限或未被指定任何最后期限的学生，则表现得很糟糕。

这个实验再一次说明，要完成一项大的任务，最好把其分解成若干个较小的任务，并分别给每项小任务设定最后期限，确保眼前总有一个具有约束力的最后期限。如果“最后一刻”总是在“眼下”，你也会成为效率最高的一位。

如果你有一个创富想法，也有一个具体可行的方案，但是如果没有给自己设定实现这一方案的期限，再好的想法也只会变成一句空话、一个梦想。不管你的目标有多大，听起来多么动人，如果没有期限，也只是说大话、吹牛皮。所以，当你设定一个财富目标时，一定要把相应的步骤和期限设定好，然后强迫自己在规定的期限内完成，如此才会成功。

有人问，如果我定了期限，但到期了仍然完不成怎么办？答案很简单！再设定另一个期限来完成。如果你没有在期限内完成的原因不是拖拉，不是偷懒，只是因为低估了事情的难度，或者高估了自己的工作效率，那么完全可以根据实际情况，调整最后期限。

世界会发生无数种可能，但没有约束力的计划是难以推动我们立刻采取行动的。那些“总有一天……”的感慨，是一种可以用来自我鼓励的宝贵信念，但不是合格的计划内容。假设你希望自己可以在1年之后结束打工生涯，开始自己的创业之路，那么需要现在就给你的每一项任务设定好时间限制：

1个月后我要向老板递交辞职信；

3个月后做好工作的交接，正式离开；

半年后要资金到位，项目确定，起草商业计划，调查竞争对手和供应商的情况；

接下来的3个月要购买设备、选择地点，寻找合伙人等。

当然，我们大部分的计划都没有这么复杂，但也可以参考一下这样的时间表。这些简单的步骤和小任务，可以帮助我们一步一步离愿望越来越近。

知道“重点是什么”

做事情切忌胡子眉毛一把抓，应分清主次、轻重、前后，抓重点、抓中心、抓关键，才能使工作效率提高，才能创造出好的业绩。

意大利经济学家帕累托提出了著名的“二八定律”，他认为，在任何特定的群体中，重要的因子只占其中一小部分，大约20%；而不重要的却有80%，尽管占多数，却是次要的。

1897年，帕累托在调查取样中发现，英国的财富和收益的大部分都掌握在少数人手里；在任何时期、任何国度，某一个群体中总人口数的百分比与他们所享有的总收入之间有一种微妙的关系，就连早期的资料或者世界上的许多事物也都如此。后来，经过大量的实验总结，他得出，社会上20%的人占有着80%的社会财富。

经过多年的演化，“二八定律”已经被管理学界所认同，并被广泛应用于职场。关于“二八定律”，在经济学中有一种流传较广的观点，那就是“80%的收入来源于20%的客户”。生活中，“二八定律”的身影随处可见，比如：商家80%的销售额来自20%的商品；厂家80%的业务收入是由20%的客户创造的；在销售公司里，20%的推销员得到80%的新生意。

在职场中，我们通常会看到，一些人用80%的精力去做只会取得20%成效的事。“二八规律”给我们的启示是，做事情切忌胡子眉毛一把抓，应分清主次、轻重、前后，抓重点、抓中心、抓关键，才能使工作效率提高，才能创造出好的业绩。很多人都有这样的想法，认为付出多少就会得到多少回报。其实，只讲究付出的量是不够的，还要选对努力的方向，重视效率，这样才会有更多的收获。

曹雨是一家公司的秘书，她的工作就是撰写、整理、打印一些材料。很多人都认为曹雨的工作单调乏味，但曹雨自己却觉得自己的工作能学不少东西。她说：“检验工作，唯一的标准就是你做得好不好，不是别的。”

曹雨整天做着这些工作，因为做事很有条理性，所以她的做事效率越来越高。后来，她发现公司的文件中存在很多问题，甚至公司的一些经营运作方面也存在着问题，于是，除了每天必做的工作之外，曹雨还细心地搜集一些资料，甚至是过期的资料。她把这些资料整理分类，然后进行分析，写出建议。为此，她还查询了很多有关经营方面的书籍。最后，曹雨把打印好的分析结果和有关证明资料一并交给了老板。

开始的时候，老板并不在意，一次偶然的机会，他读到了曹雨的这份建议。老板非常吃惊，没想到这个平常毫不起眼的年轻秘书，居然对公司这样关心，居然有这样缜密的心思；而且她的分析井井有条，细致入微。

老板很欣慰，曹雨也被老板委以重任。老板觉得她为公司做了一件大事，说：“公司的重要工作就得交给像你这样做事能分清主次，而且兢兢业业、热情饱满的年轻人。”

无论是对公司，还是对个人的发展，用80%的努力获得20%的成果都是远远不够的。只有抓住事情的关键部分，才能高效地工作，才能让自己获得高收入。“二八规律”的精髓就是“有所为，有所不为”，它告诉我们：最少的投入完全可以收获较大的利益，只要你不将时间和精力花费在琐事、次要的事情上，懂得抓主要矛盾、解决关键问题，就可以轻松地将自己的工作做好。

在工作中，要想高效地创造价值，一定要学会抓重点、抓中心、抓关键。要想有效地做好一件事情，做精一件事情，同样要懂得合理的分配时间，利用好最关键的资源，并做到重点出击、重点突破。

第五章
不忘时间，梦想方可实现

不善于利用时间的人，总是首先抱怨没有时间，因为他把时间都耗费在穿、吃、睡和聊天上，去考虑该做什么，而只是什么也不去做。

——［法］拉布吕耶尔

做事有条理，不再东翻西找

做事是否有条理是判断一个人做事严谨程度的标尺！即使你的工作能力再强，即使你的梦想再伟大，如果没有工作秩序，一心埋头于工作中，势必会把工作弄得一团糟。

做事没有条理的人，无论做什么都不可能有功效；有条理、有秩序的人，即使才能平庸，也会有相当大的成就，过上富裕的生活。有这样一个故事：

有一个老商人在一个小市镇里做了几年的地产生意，后来竟完全失败了。当债主跑来讨债时，他正在紧皱眉，思索他失败的原因。

老商人："我为什么会失败呢？我对于主顾不是很客气吗？"

债主："你完全可以再从头开始，你不是还有不少财产吗？"

老商人："什么？从头开始？"

债主："是啊！你应该开出一张资产负债表，好好清算一下，然后从头做起。"

老商人："你的意思是说，我得把所有的资产和负债都详细清算一番，写成一张表格吗？我得把我的门面、地板、桌椅、茶几、书架都重新洗刷油漆一番，弄成新开张的样子吗？"

债主："是啊！"

老商人："这些事我早在15年前就想动手去做了，但后来因为我沉溺在参观拳击竞赛中，至今还不曾动手。现在，我知道我后来失败到如此地步的原因了！"

美国信托行业公会的会长说："根据我几年来和一般大公司商号交往所得的经验，他们的老板随时都能获得有关公司营业的报告，能对整个公司的情形了如指掌，一定不会失败。"无论经营什么，都应该把物资管理得清洁整齐，把账目记得清清楚楚——这是最重要的一件事。把事物都弄得乱七八糟的人，终有一天要摔跤！

如果你多费一点时间和精力，把自己的事情做出一定成效，把自己的东西收拾好；当你将来再继续下去时，再要把东西找出来时，会节省大量的时间和精力，更会省掉很多无谓的纠纷与烦恼。做事没有条理的人，无论做什么都没有功效可言；财富也会离开你；而有条理、有秩序的人即使才能平庸，也容易取得相当大的成就，聚拢财富。

做事是否有条理是判断一个人做事严谨程度的标尺！即使你的工作能力再强，即使你的梦想再伟大，如果没有工作秩序，一心埋头于工作中，势必会把工作弄得一团糟；条理分明能提高工作效率，不仅能使你掌握自己的生活，也会让你有更多的休闲时间。

很多商界名家都将做事没有条理列为公司失败的一大重要原因，尤其是在大都市里做生意，更要把一切事情、一切物品都弄得有条有理。

一位企业家曾谈起了他遇到的两种人。

一种性急的人，不管在什么时候遇见他，他都表现得风风火火的样子。如果要同他谈话，他只能拿出数秒钟的时间，谈话时间长一点，他便会伸手把表看了再看，暗示着他的时间很紧张。他的业务做得虽然很大，但是开销更大。究其原因主要是，工作安排上七颠八倒、毫无秩序。他经常会为杂乱的东西所阻碍，他的事务一团糟，他的办公桌简直就是一个垃圾堆。他很忙，没有时间来整理自己的东西，即使有时间也不知道怎样去整理、安放。

另一种人，与上述那种人恰恰相反。他从来都不会显露出忙碌的样子，做事非常镇静、平静祥和。别人不论有什么难事和他商谈，他总是彬彬有礼。在公司里，各样东西安放得有条不紊，各种事务安排得恰到好处。每天晚上，他都要整理自己的办公桌，对于重要的信件立即就回复，并且把信件整理得井井有条。所以，尽管他经营的规模要大过前述那种商人，但别人从外表上总看不出他有一丝一毫的慌乱。他那富有条理、讲求秩序的作风，影响到全公司。于是，每一个员工做起事来也都极有秩序，一派生机盎然之象。

工作没有条理，却又想把蛋糕做大，总会感到手下的人手不够。他们认为，只要人多，事情就可以办好了。其实，他们所缺少的，不是更多的人，而是使工作更有条理、更有效率。如果办事不得当、工作没有计划、缺乏条理，就会浪费掉大量员工的精力，吃力不讨好，最后还是无所成就。

任何一件事，从计划到实现，总有一段所谓时机的存在，也就是需要一些时间让它自然成熟。无论计划是如何的正确无误，都需要我们不慌不忙、沉着冷静地等待其他更合适的机会到来。假如过于急躁而不甘等待，就会遭到破坏性的阻碍。因此，为了实现自己的致富梦想，无论如何，我们都要有耐心，压抑住那股焦急不安的情绪！

珍视时间，不浪费

我们无法使时光倒流，也不能使时光缓慢，但却可以控制它的“流向”。通过时间管理，让时光流向更有意义的地方。

时间就是上帝给我们每个人的资本！命运之神是公平的，她给每个人的时间都是公平的，他给每个人的时间都不多不少；但财富之神却是挑剔的，她只让那些能把24小时变成48小时的人接近她。

“发明大王”爱迪生一生只上过三个月的小学，他的学问都是靠母亲的教导和自修得来的。爱迪生从小就对很多事物感到好奇，而且喜欢亲自去试验，直到明白了其中的道理为止。长大以后，他就根据自己这方面的兴趣，一心一意做研究和发明的工作。

爱迪生在新泽西州建立了一个实验室，一生共发明了电灯、电报机、留声机、电影机、磁力析矿机、压碎机等总计两千余种东西。爱迪生的强烈研究精神，使他对改进人类的生活方式，做出了重大的贡献。爱迪生非常珍惜时间，他经常对助手说：“浪费，最大的浪费莫过于浪费时间了……人生太短暂了，要多想办法，用极少的时间办更多的事情。”

一天，在实验室里，爱迪生递给助手一个没上灯口的空玻璃灯泡，让助手测量灯泡的容量。”接着，他便又低头工作了。几个小时之后，爱迪生问：“容量多少？”可是，他没听见回答，只看见助手拿着软尺在测量灯泡的周长、斜度，并拿了测得的数字伏在桌上计算。他说：“时间，怎么费那么多的时间呢？”

爱迪生走过来，拿起那个空灯泡，向里面斟满了水，交给助手，说：“将里面的水倒在量杯里，立刻告诉我它的容量。”助手很快便读出了数字。爱迪生说：“这是多么容易的测量方法啊，又准确，又节省时间，你怎么想不到呢？还去算，那岂不是白白浪费时间吗？”助手的脸红了。爱迪生喃喃地说："人生太短暂了，要节省时间，多做事情啊！"

时间就是胜利，时间就是财富！竞赛以快取胜，搏击以快打慢。大而慢等于弱，小而快可变强，大而快王中王！快就是机会，快就是效率，快就是瞬间的"大"，无数的瞬间会构成长久的"强"。

竞争的实质，就是在最短的时间内做最好的东西；人生最大的成功，就是在最短的时间内达成最多的目标。质量是一个"常量"，经过努力都可以做好；而时间，永远是"变量"：一流的质量可以有很多，而最快的冠军只有一个——任何领先，都是时间的领先！盛田昭夫说："如果你每天落后别人半步，一年后就是一百八十三步，十年后即是十万八千里。"

在非洲的大草原上，一天早晨，曙光刚刚划破夜空，一只羚羊从睡梦中猛然惊醒。"赶快跑！"它想到，"如果慢了，就可能被狮子吃掉！"于是，起身就跑，向着太阳飞奔而去。

"赶快跑，"狮子想到，"如果慢了，就可能会被饿死！"于是，起身就跑，也向着太阳奔去。

谁快谁就赢，谁快谁生存。一个是自然界兽中之王，一个是食草的羚羊，等级差异，实力悬殊，但生存却面临同一个问题——如果羚羊快，狮子就饿死；如果狮子快，羚羊就被吃掉。

时间之神的马车，呼啸而过，我们不知不觉，额头早已留下了道道辙印。有人曾统计过，一个活到72岁的美国人一生的时间分配：睡觉21年，工作14年，个人卫生7年，吃饭6年，旅行6年，排队5年，学习4年，开会3年，打电话2年，找东西1年，其他3年……我们无法使时光倒流，也不能使时光缓慢，但却可以控制它的"流向"。通过时间管理，让时光流向更有意义的地方。

善用时间，就是善用自己的生命。歌德说："浪费了的一生，等于夭折。”最忙碌徒劳的人，永远是没有时间管理的人；浪费时间的人，财富也会远离你！

休息时就休息，工作时就工作

如果觉得自己很疲倦，却依然不停手地硬撑着干下去，效率肯定会大打折扣；在疲惫的时候，如果能够稍微休息一会儿，精力会更充沛、思路会更清晰，工作效率可以提高数倍。

中国古人讲：“一张一弛，文武之道也。”在创富之路上，我们都是上紧发条的钟表。但是应该记住的是：弦绷得太紧，是会断的，注意工作中的调节与休息，不但有益于自己的健康，对事业也是大有好处的。

在生活中，我们强调要把重要的事摆在最前面，可是却常常忽略了效率问题。比如，在已经疲惫不堪的时候，坚持工作，表面上看是非常珍惜时间，其实不仅效率低，而且还会危害健康。

只会工作却不懂得休息的人，精神长期处于紧张状态，久而久之，健康就会受到威胁。如果生活在亚健康状态下，钱袋虽然鼓起来了，身体却消瘦下去了，也会让自己得不偿失。

老王和老李生活在同一个村子里，两人经常一起上山砍柴。

一次，砍到一半，老王突然坐在树下休息起来。老李走过来，疑惑地问：“为什么不砍柴？还不够呢！”老王不紧不慢地掏出一支烟，一边点着，一边说：“我们砍柴干什么？”

“卖钱啊！卖了钱，发了财，就可以逍遥自在地享清福了。”老李满怀憧憬地。“那你以为我现在在干什么？”老王不屑地说。老李想想觉得有道理，便丢下斧头，也坐下来跟老王一起休息。

工作是为了更好地生活！在高压力下，我们经常会忙忙碌碌地工作，放弃了对生活最初的向往。只有会休息的人才会工作，工作之余适当地放松自己，工作效率就会更高。

戴尔·卡耐基有一句名言：休息并不是浪费生命，它能够让你在清醒的时候做更多有效率的事。如果觉得自己感到很疲倦，却依然不停手地硬撑着干下去，效率肯定会大打折扣；在疲惫的时候，如果能够稍微休息一小会儿，我们的精力会更充沛、思路会更清晰，工作效率自然可以提高数倍。

杰克·查纳克是全好莱坞最有名的大导演之一，他精力充沛，从不知疲倦。但是，杰克在米高梅公司短片部任经理的时候，却常常感到精疲力竭。为了改变这种状况，他什么方法都用过了，喝矿泉水，吃营养餐，吃维生素和其他补药，但都无济于事。后来，卡耐基建议他，每天利用一切时间休息。

两年后，杰克再见到卡耐基时，连连称赞卡耐基的这个方法极好。他说："真是个奇迹，以前每次和属下谈短片制作的时候，我总是僵硬地坐在椅子上，整个人高度紧张；而现在，我躺在大沙发上开会，觉得比这几十年来的任何一天都好。即使每天多工作两个小时，也毫无倦意。"

研究发现，疲劳会降低身体对一般疾病的抵抗力。成为富翁的相关因素有很多，仅仅把事情做好是绝对不够的，效率因素决不可忽视。不会休息的人，也必然不会工作；会工作的人，就一定是高效率的人。

休息的方式可以有很多种：有的人喜欢中午睡一会儿，有的人则只要休息三五分钟就有很大作用。如果没有养成午睡的习惯，也可以在办公室里散一会儿步，伸伸懒腰，到洗手间转一圈，喝点水，洗个脸……这些都可以令你的精神得到松弛，使工作的效率大增。试着提高做事的效率，减少工作的时间，自己就会成为一个会工作的人，才会提高效率，才会增加业绩，财富也会越来越多！

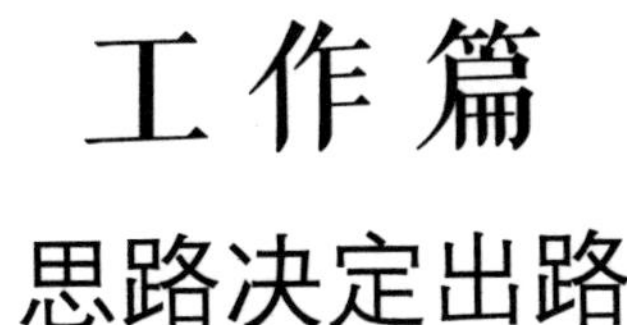

工作篇

思路决定出路

第六章
钻在富人堆里更暖和

我们全都要从前辈和同辈学习到一些东西。就连最大的天才，如果想单凭他所特有的内在自我去对付一切，他也绝不会有多大成就。

——［德］歌德

找个强手做对手，你才能走向卓越

无论对手用什么样的方法和途径，哪怕他已经获取了自己曾经拥有的成熟、足以自鸣得意、有核心竞争力、有商业价值的技术、成功的商业模式，如果都还能应付自如，化解各种危机，我们才能够走上真正的成功之路，才能聚集更多的财富。

让一个人更加强大的不是别人，而是他的对手！强大的对手，不仅会给你带来强有力的挑战，还会给你提供成就自己的契机。所以，一定要找一个够强的对手。

诸葛亮和周瑜是对手，当诸葛亮得知周瑜的死讯时，决定前去吊唁。在周瑜柩前，诸葛亮亲自奠酒，跪在地上读祭文，泪如泉涌，悲痛不已。

我觉得，诸葛亮并不是因为失去周瑜这个人而哭，而是为自己失去一个强有力的对手而哭。就如同他在祭文说："从此天下，更无知音！呜呼痛哉！伏惟尚飨。”诸葛亮深刻地认识到：一个人如果没有了对手，就会甘于平庸，养成惰性，最终导致庸碌无为。

1988 年，美国陆军最优秀的坦克防护装甲专家乔治·巴顿中校接受了研制 M1A2 型防护装甲的任务。为了能研制出性能更高、质量更好的坦克，巴顿找来一位搭档——舒马茨。请舒马茨来，并不是为了和他一起研究，而是要他来搞破坏，因为舒马茨是著名的破坏力专家。开始的时候，巴顿研制出的坦克防护装甲，舒马茨轻而易举地就炸坏了。

每当坦克防护装甲被炸坏后，巴顿就会找舒马茨进行交流，找寻问题所在，以便在下一次研制中解决。舒马茨一次次破坏，巴顿一次次修改着自己的设计方案，并一次次更换材料……直到有一天，舒马茨再也想不出办法来破坏巴顿的新坦克防护装甲。于是，巴顿宣布 M1A2 坦克防护装甲研制成功。

一直到现在，这种坦克防护装甲仍然是世界上最具有高科技含量的，也是最坚固的。巴顿因为这种坦克防护装甲而赢得了象征美国军事科研领域最高荣誉的“紫心勋章”。在解释为什么请舒马茨来做搭档时，巴说：“我请舒马茨做对手是因为他最强大。以强手为对手，是让自己成功的有效捷径，如果成功有捷径的话。”

当一个人拥有成熟、足以自鸣得意、有核心竞争力、有商业价值的技术、成功的商业模式时，他便具备了成功的基础。可是，这些只是一个成功的基础，拥有这些条件并不算真正的成功，就像一个英雄，如果没有强大对手，也不能算是真正的英雄一样。任何成功的人，必须找一个强大的对手进行交锋，才有可能真正站在顶峰。

无论对手用什么样的方法和途径，哪怕他已经获取了自己曾经拥有的成熟、足以自鸣得意、有核心竞争力、有商业价值的技术、成功的商业模式，这种情况下还能应付自如，化解各种危机，我们才能够走上真正的成功之路，才能聚集更多的财富。

每个人都有自己的目标，找个强大的对手作目标，或许是个好办法。

1. 找个强大的对手作目标，可以明确自己的差距

对手之所以强大，必有自己的优势和特色。找个强大的、但自己经若干年的努力能够接近的对手作目标，既可以看到自己明天的“样子，”又可以看到今天存在的差距，也能明确自己接近对手每一个台阶的目标值，看到自己追赶的具体目标。

2. 找个强大的对手作目标，可以激励自己努力奋进

找个强大的对手作目标，让强大的对手作自己的榜样，可以激励自己参与竞争、努力拼搏的斗志，激励自己参与博弈、战胜对手的欲望，使自己在竞争和拼搏中快速提升，在博弈中不断成长。

3. 找个强大的对手作目标，可以让自己少走弯路

创富的道路都不是一帆风顺的，再强大的对手也是在不断地探索与失败中取得进步和提高的。找个强大的对手作目标，学习经验，吸取教训，少走弯路，把握主动。所以，有时候一个人的能力要靠对手的强弱来体现。选好一个强大的、合适的对手作目标，可以达到事半功倍的效果！

向你佩服的人学才艺

> 有一种很重要的、很切实的学习，那就是向别人学习。观察一下周围，可以发现，凡是善于向别人学习的人，一般进步比较快；而忽视了这一点的人，进步都比较慢，以致很吃亏。

最聪明的人是乐于和善于向别人学习的人，尤其是向自己佩服的人。

在以色列的历任总理中，很多都是出自部队的职业军人，所以很多人都把以色列的特遣部队称为国家领导人的摇篮。

和很多有着军人背景的以色列政治人物一样，埃胡德·巴拉克之所以能够在大选中取得胜利，成为以色列总理，这与他善于发现别人身上的优点有着很大的关系。巴拉克能迅速地发现对方身上的弱点，制订出相应的策略，不断地充实自我，让自己变得更加强大。

巴拉克带着这种思想认知走出了斯坦福。在部队继续服役了几年后，脱下了一生所挚爱的军装，走上了从政之路。巴拉克没有丝毫经验，但同样是职业军人出身的前任总理伊扎克·拉宾是他心中的偶像。通过对拉宾总理的思考，巴拉克决定扛起拉宾总理生前倡导的和平大旗，继续走比较温和的左翼路线。

为此，巴拉克特意提出了“土地换取和平”的主张，并很快得到了工党内的一致肯定，当选为工党的主席。随后，在他提出准备让工党重新执掌以色列政府的政治要求的同时，还提出：如果他能够成为以色列的总理，将接过拉宾总理未完成的重任，继续为推动中东和平做出毕生的努力！巴拉克在竞选总理前推出了在以色列人民中威望极高的拉宾总理，让他在一时之间得到了大量的支持者。在拉宾总理这样一位好榜样的指引下，支持巴拉克登上总理宝座的呼声越来越高。

无论是在从军路上，还是从政路上，埃胡德·巴拉克几乎一直都在向他所佩服的人学习着。无论这些人是他心中敬仰的英雄，还是和他处于不同政治立场的对手，巴拉克都能够通过自己持之以恒的学习，真正地“偷到”他们的才艺。

有一种很重要的、很切实的学习，那就是向别人学习。观察一下周围，可以发现，凡是善于向别人学习的人，一般进步比较快；而忽视了这一点的人，进步都比较慢，以至很吃亏。

那么，怎样向别人学习呢？

1. 学习别人的长处，避免别人的短处

俗话说，旁观者清，我们总是对别人的优点，特别是缺点看得比较清楚。除此之外，我们又常常是别人优点和缺点的客观效果承受者，对别人的优点和缺点会有实际的体会，因此要多学习他们的优点和长处。

2. 向别人学习，包括从别人的失误中吸取教训

人们常说“失败是成功之母”。这里说的失败，不应该仅仅是指自己的失败，还应该包括别人的失败。如果不善于从别人的失败中吸取教训，事事都非要经过自己的失败才有所认识，代价就会过高过大，时间和时机的损失也会太大。善于从别人的失败或失误中吸取教训，自己未交学费，又上了学，才是最聪明的。

3. 善于向别人学习，也是搞好团结的重要条件

向别人学习，含有尊重别人的意思，别人也会感觉和你一起工作不挨排挤、不受埋没，也自己愿意帮助和支持你。

总之，任何一个有大本事的人，都是善于向别人学习的人，因为他不是局限于自己狭隘天地，总能及时地把别人花费代价的正反两方面的经验转化成自己的财富。

跟富人学习求富的思维

富人有富人的思维，他们的很多思维方式和我们普通人是不同的，如果想让自己成为富人，就要跟着富人多学习，多了解他们的思维方式和特点！

智慧是永恒的财富，它可以引导人通向成功，而且永不会贫穷。善于转换思路来思考问题，就会获得更多成功的机会。对我们来说，“读万卷书不如行万里路”显得尤为重要。为了让自己走得更快一些，用脚、自行车，还是汽车？用汽车，一下子就可以使自己的活动半径大大扩大。想要创富，就必须加入富人的圈子，了解富人的思维。

一天，一个犹太人走进了纽约的一家银行，来到贷款部，大模大样地坐下来。

“请问先生，有什么事情吗?”贷款部经理一边问，一边打量着来人的穿着：豪华的西服、高级皮鞋、昂贵的手表，还有镶宝石的领带夹子。

犹太人：“我想借些钱。”

经理：“好啊，你要借多少?”

犹太人：“1 美元。”

经理：“只需要 1 美元?”

犹太人：“不错，只借 1 美元。可以吗?”

经理：“当然可以，只要有担保，再多点也无妨。”

犹太人：“好吧，这些担保可以吗?”说着，犹太人从豪华的皮包里取出一堆股票、国债等，放在经理的写字台上：“总共 50 万美元，够了吧?”

经理：“当然！不过，你真的只要借 1 美元吗?”

犹太人：“是的。”说着，犹太人接过了 1 美元。

经理：“年息为 6%。只要您付出 6% 的利息，一年后归还，我们可以把这些股票还给你。”

犹太人：“谢谢。”犹太人说完，就准备离开银行。

一直在旁边冷眼观看的分行长，怎么也弄不明白，拥有 50 万美元的人，怎么会来银行借 1 美元？他慌慌慌张张地追上前去，对犹太人说：“啊，这位先生……”

犹太人：“有什么事情吗?”

分行长：“我实在弄不清楚，你拥有 50 万美元，为什么只借 1 美元？要是你想借三四十万美元的话，我们也会很乐意的……”

犹太人：“请不必为我操心。我来贵行之前，问过了几家银行，他们保险箱的租金都很贵。所以，我就准备在贵行寄存这些股票。租金实在太便宜了，一年只需要花 6 美分。”

按照常理，贵重物品的寄存应放在金库的保险箱里，对许多人来说，这是唯一的选择。但犹太商人没有困于常理，而是开辟了另外一条道路，找到了让证券等锁进银行保险箱的办法，从可靠、保险的角度来看，两者确实是没有多大区别的，仅仅是收费不同而已。

通常情况下，人们都会为了借款而抵押，总希望以尽可能少的抵押争取尽可能多的借款。而银行为了保证贷款的安全或有利，从来都不会让借款额接近抵押物的实际价值，所以，一般只有关于借款额上限的规定，其下限根本不用规定，因为这是借款者自己就会管好的问题。能够钻这个“空子”，转换思路思考问题，这就是犹太人在思维方式上的“精明”。

富人有富人的思维，他们的很多思维方式和我们普通人是不同的，如果想让自己成为富人，就要跟着富人多学习，多了解他们的思维方式和特点！

富人思维1：要开源，要节流

大多数富人都不会在意一时的安逸；更不会为了短暂的舒适生活，而做个房奴束缚了自己，他们会想尽一切办法，为明天做加法。投资是他们永恒的目标，不管买房还是买车，对他们来说都是一项投资，关键看哪项投资适合自己、哪项投资回报率更高。

富人思维2：爱财如命

富人之所以成为富人，是因为他们骨子里就喜欢赚钱，喜欢财富，这是非常重要的。许多大学生刚入校门时，人们是很难区分他们的形象，他们的面目看起来似乎都相似。但是，每个人的梦想是不一样的：有些人骨子里就深信，自己生下来就一定会做富人，并有着强烈的赚钱意识。富人都爱财如命，不会浪费一分钱，因此要像他们一样珍视自己的钱财。

富人思维3：性格偏执

一个人何以从众人中脱颖而出？“偏执”！唯有“偏执”才能为人所不能。每个人都能做成的事情，是不可能为你带来突出的成就和巨额财富的，否则人人都成了财神。

年仅25岁的马克·扎克伯格，2010年以40亿美元身价，登上福布斯全球最年轻富豪榜榜首。他所掌控的商业王国飞速膨胀：Facebook（脸谱）的用户数量猛增，并超过了Google（谷歌），达到4亿人。很多人开始揣测，在不久的将来，马克·扎克伯格很可能会取代比尔·盖茨的位置。

相传，马克·扎克伯格曾毫不犹豫地放弃了一款耗时一年开发的产品，团队的很多人对此都难以接受。但扎克执意为之，有人评价他说："他不是一个性情中人，他是一位残酷的精英分子。"

富人思维4：开放与互动

赚钱的机会来自于交易，交易来自于互动，所以大多数富贵之人都不是自闭之辈，大多数人都有广泛的人际圈子，财富的机会也来自于这样的圈子中。以圈子闻名于中国的，当数温州人，他们组成的商帮和老乡会，动辄数亿元，数十亿元的资金流动。同样，理财的机会也多来自于人际的开放与互动，投资是"动"，储蓄是"静"，如果只是储蓄，所赚利息怎么也赶不上通货膨胀。

富人思维5：富贵险中求

一般人都贪图安逸，富人则喜欢挑战，这是两种截然不同的态度。从理财角度看，喜欢拿固定工资的人通常会选择"保本型"产品，他们对不确定性风险充满恐惧，宁愿少赚点收益都可，只要年回报率有3%～5%就已经满足了，这最好是选择保险和债券式基金；而不愿意朝九晚五的人，通常都敢闯敢干，如果没风险倒显得不够刺激，所以他们会去购买一定比例的股票型基金，回报赚多一点，但也冒一定的风险。

富人思维6：每一分钱都必须去战斗

富人不养闲钱，穷人与富人的根本区别在于：穷人只能靠自己的体力和脑力赚钱，只能是自身的单打独斗，但富人不同！他们的每张钞票都是他的子弟兵，用得好，就等于雇用了这些钞票去打仗赚钱。因此，富人和穷人在对待钱的方面有很多差异：富人恨不得手上的每一分钱都在外面战斗；而老百姓因怕冒风险，他们的钱都趴在银行里“睡觉”。富人要求自己的钱每年要有至少10%的回报，在睡觉时他的钱都在替他赚钱。

富人思维7：捕捉大势

在菜市场，家庭主妇通常都会为了几毛钱的菜价砍得面红耳赤，为了一个发夹讨价还价，但是很少会看到他们思考经济发展的下一步趋势，以及如何去捕捉这种趋势来理财。他们甚至分不清，菜价上涨实际上就是银行里的存款贬值，他们会为了几毛钱的菜价伤透脑筋，却不愿意花点时间去把银行里的二三十万元现金盘活，以免贬值。

精打细算的主妇，通常“小钱精明，大钱糊涂”。30万元存款，仅仅要求年回报率达到10%，一年产出的利润就是3万元。其实，只要经济稍微景气，每年10%的回报率并非难事，至少应该比天天砍价要省劲儿得多。

与主妇的精打细算不同，富人却有着丰富的想象力：从美国总统的一句话，他会判断对中国股市的影响；从国家经济政策的一条改革新闻，他会推断出下一步宏观调控是紧缩还是宽松……利用这种坦率的判断，他就可以成功吸引股票。

富人思维8：做好守财奴

有钱了，该怎么花费？跑车、名表、豪宅、古董、女人……许多人成为了富人，但很快又会被打回原形。其实开源之后，节流依然重要。完美的富人，二者都做得很好。

奢侈享受是无止境的，对于真正能持久创造财富的人来说，积累永远重于享受。他们也会享受生活，但从不超前、超额享受。在年收入200万元的时候，他们不会买一辆100万元的车，更不会去买一辆200万元的车，除非买车对他们来说是一项投资，而非摆阔。

第七章

严格要求自己才能做第一

君子以细行律身，不以细行取人。（意思：高尚的人在小事上时时严格要求自己，但不以小事来苛求别人。）

——［中］魏源《默觚下·治篇》

与其抓住全部，不如抓牢一个

要把心力尽可能地用到与目标相关的事情上，而放弃其余。世上无所谓高尚的职业，也无所谓低贱的职业。无论任何事，只要一心一意把它做到极致，就能成就杰出。

一个人的精力是有限的，能办成的事毕竟很少。如果精力分散，到头来只会两手空空。只有对一个目标穷追不舍，才可能有所收获。

年轻时，慧远喜欢四处云游，有一次，他遇到一位嗜烟的行人。两人结伴走了很长一段山路后，坐在河边休息。行人给慧远敬烟，慧远高兴地接受了。由于谈得投机，那人又送给他一根烟管和一些烟草。两人分手后，慧远心想：这个东西实在令人舒畅，肯定会打扰我禅修，时间长了一定恶习难改，还是趁早戒掉吧！于是，他把烟管和烟草都扔掉了。

几年之后，慧远迷上了《易经》，每日钻研，乐此不疲。冬天的一天，慧远写信给自己的老师索要寒衣。没想到，信寄出去很长时间，老师还没有寄衣服来。慧远用《易经》所教的方法卜了一卦，算出那封信没有寄到。他想：《易经》固然奇妙，如果我沉迷此道，怎么能全心全意参禅呢？从此，他再也不学《易经》了。

再后来，慧远又迷上了书法，进步很快，受到了行家好评。慧远又想：我的目标不是成为书法家，何必潜心于书法？自此，他又放弃了书法。最后，慧远摆脱了一切爱好的诱惑，一心参悟，终于成为一代大师。

在动物界中，狮子追赶猎物的时候，通常都会盯紧前面的目标穷追不舍，即使身边出现其他猎物，距离前面的猎物更近，它也不会改换目标。狮子追赶猎物，不仅是速度的较量，也是体能的较量。只要盯紧前面的目标，当猎物跑累了，大多数都会成为狮子的美餐；如果改换目标，新猎物体能充沛，跑得会更快、更持久，捕捉到的可能性更小，累死了也不会有收获。

干事业也是如此！无论从事任何行业，要想获得令人瞩目的成绩，都需要具备很强的目标专注力。也就是说，要把心力尽可能地用到与目标相关的事情上，而放弃其他。世上无所谓高尚的职业，也无所谓低贱的职业。无论任何事，只要一心一意把它做到极致，就能成就杰出。

在荷兰的一个小镇上，出现了一个名叫万·列文虎克仅初中毕业的农民。他找到一份替镇政府看门的工作，一干就是60年，一生没有换过工作。

其实，门卫这份工作仅仅是万·列文虎克的谋生手段，工作之余，他还有自己的追求——打磨出世界上最好的玻璃镜片。只要一有时间，万·列文虎克就拿出打磨工具，磨呀磨，一磨就是几十年。他是那样专注和细致，打磨技术早已超过当时最好专业技师，他磨出的复合镜片，放大倍数超过当时最好的显微镜。

万·列文虎克声名大振，被巴黎科学院授予院士头衔。这是多少科学家梦寐以求的荣耀啊！不仅如此，英国女王也专程到小镇上去拜访他，向这位杰出的老人表示敬意。

列文虎克仅仅初中毕业，做的又是一件如此微不足道的事情，可是因为目标专一，结果创造出了一个奇迹！在现代社会，机会有很多。但是，过多的选择机会反而容易使人见异思迁，走上迷途。

每个人都有成大器的可能，也有成大器的意愿，但最终心想事成者却只是少数人。为什么？因为多数人不能执着目标、持之以恒。在这个世界上，值得追求的东西很多，如果什么都想要，就什么也得不到。只有选定一个目标，盯紧它，全力追赶它，才可能达成心愿。

最合适的，才是最好的

任何事物都一样，包括植物，如果强行把南方植物移植到北方，只能有一种结果——因为不适应而不能成活，必须因地制宜，适合环境才行。

人生之中，最好的不一定是最合适的，最合适的才是最好的；生命之中，最美丽的不一定适合我们，适合我们的一定是最美丽的！

俗话说得好："鞋子合适不合适，只有脚知道。"这句话说得很有道理，任何事情只有自己亲自尝试了，感同身受以后，才能知道适合不适合自己。在《伊索寓言》中，有一个关于乡下老鼠和城市老鼠的故事。

城市老鼠和乡村老鼠是好朋友，有一天它们过腻了现在的生活，想交换一下：城市老鼠到乡村去生活，乡村老鼠到城市去生活。

城市老鼠来到乡村，看到眼前的美景，呆住了：太阳公公对着它眯眯笑！小鸟对它喳喳叫，好像在说："欢迎，欢迎！"果园里长着大大的果子，草地上开着美丽的鲜花，稻田里长着绿油油的麦苗。一阵风吹来，新鲜的空气让城市老鼠觉得全身都舒畅："啊！真舒服呀！"乡下老鼠搬出了稻谷、玉米、土豆……对城市老鼠说："兄弟快请坐，放开肚皮吃吧，这里有的是粮食。"城市老鼠捧起玉米啃了啃，皱着眉头说："兄弟，太硬了！我都吃不习惯呀！还是让我带你到城市里去走走看看吧！"

乡村老鼠跟着城市老鼠来到了城里。呀！城市真漂亮：高高的楼房、宽宽的马路；城市真热闹啊：来来往往的汽车和人们、滴滴答答的喇叭声和人们嘻嘻哈哈的吵闹声。乡下老鼠心想：真厉害呀！它们竟然能建起这么高、这么多、这么漂亮的高楼大厦，真了不起！

乡下老鼠正要大摇大摆地往马路上走，城市老鼠却一把抓住它说："小心，有车！"这时，一辆车子"嗯"的一声从它们眼前开过。乡下老鼠吓得直发抖，城市老鼠拍拍它的肩膀说："别怕，跟我走！"不一会儿，它们就来到了城市老鼠的家。

乡下老鼠看得眼睛都发直了："哇！好气派，还铺着地毯呢！"城市老鼠说："走，咱们到餐厅去，看看今天有什么好吃的。"餐桌上，摆满了山珍海味，乡下老鼠馋得直流口水。它正要咬苹果，突然主人走了进来。城市老鼠躲进洞里，对着乡下老鼠直叫："快躲起来！"

乡下老鼠急得团团转，连滚带爬地躲进了洞里，它吓得忘记了饥饿，用发抖的声音说："我还是回去吧，乡下平静的生活比较适合我。这里虽然有豪华的房子和美味的食物，但每天都紧张兮兮的，倒不如回去过得快乐！"说完，乡下老鼠便离开城市回乡下去了。

故事中的两个老鼠都对彼此生活的世界充满好奇，但由于个性不同、习惯不同，最后还是都回归到自己所熟悉的生活圈子中去，并且因自己原来简单的生活而快乐。

每个人都想取得非凡的成就，都想让自己的财富越来越多，但前提是——给自己一个准确的定位，知道自己适合什么。鱼儿在水中游泳，虽然不如鸟儿自由，但那是最适合自己的；鸟儿是不适合在水中生活的，只有为其提供适合的位置、合适的环境，它才会健康成长。

任何事物都一样，包括植物，如果强行把南方植物移植到北方，只能有一种结果——因为不适应而不能成活，必须因地制宜，适合环境才行。

每个人的人生轨迹是不同的，每个人都要找到自己合适的位置。每个人都有自己的个性，都有自己的成长轨迹和发展理想，所以选择自己认为合适的，就是最好的。自己愿意去付出努力，才会有好的心情和对财富的追求。

不断自我反省，才能当第一

> 如果不断反思自己所处的境况，并努力地寻找种种解决问题的方法，从中悟到失败的教训和不完美的根源，全力以赴地去改变，就可以脱胎换骨，巧妙运用能力与思想，获得财富。

苏东坡有首著名的《满庭芳》：蜗角虚名，蝇头微利，算来着甚干忙。事皆前定，谁弱又谁强。且趁闲身未老，须放我些子疏狂。百年里，浑教是醉，三万六千场。思量，能几许？忧愁风雨，一半相妨。又何须抵死，说短论长。幸对清风皓月，苔茵展、云幕高张。江南好，千钟美酒，一曲满庭芳。

词中所说的“蜗角虚名”出自《庄子》中的一个故事。

> 蜗牛的两个角上分别存在一个国家，左角上的叫触氏，右角上的叫蛮氏。为了争夺疆域，两个国家经常发生战争，每次都要历时半个月，死伤无数。但是如此激烈的战争，以人类来看，却好像是什么也没有发生过一样。

东坡居士之所以引用这个故事，主要就是想告诉我们，世上的功名利禄，就像蜗牛角上的那一点弹丸之地，得到的多一点和得到的少一点没有多大的区别。何不趁身体还健康、思想还清明的时候，放下一切争执与计较，好好地体会一下大自然那清风明月的美景！如果不懂自我反省，也就没有了改过的基础，连哪儿错了都不知道的，就会陷入万劫不复的地步。

反省是一种学习能力，而反省过程就是学习过程。如果能够不断自我反省，并努力寻求解决问题的方法，从中悟到失败的教训和不完美的根源，全力作出纠正，就可以在反省中清醒，在反省中明辨是非，在反省中变得有睿智。

周寒从单位下岗后，找了很多工作，都没有结果，他的心里非常烦闷。一天晚上，周寒在自己简陋的寓所沉思：自己原本有四个邻居，现在两个已经搬到高级住宅区去了，另外两位则成了他原来所在公司的老板。周寒扪心自问：和这四个人相比，除了现在的工作单位、住宿条件比他们差以外，自己还有什么地方不如他们？

经过很长时间的思考和反思，周寒突然醒悟：是自己的性格缺陷造就了现在的自己。在这方面，他不得不承认自己比他们差一大截。虽然是深夜三点钟，但他的头脑却出奇的清醒。站在镜子前，周寒觉得自己第一次看清了自己，发现了自己过去的种种缺点：爱冲动、妄自菲薄、不思进取、得过且过，不能平等地与人交往等。

整个晚上，周寒都坐在那儿自我检讨。然后他痛下决心，从今天起，一定要痛改前非，做个自信、乐观的人。第二天早晨，他便满怀自信前去面试，结果顺利地被录用了。在周寒看来，之所以能得到那份工作，与前一晚的沉思和醒悟让自己多了份自信不无关系。

两年内，周寒凭着自己的努力，逐渐建立起了良好的口碑。有一段时间，公司经济状况很不景气，员工情绪都很不稳定。可是周寒却意志坚定，力挽狂澜，让公司渡过了难关。鉴于他在危难时期做出的贡献，公司分给他可观的股份，给了他丰厚的薪水。

从周寒身上，我们可以看到，并非所有的成功都来自于你的思想，只有发现自己的不足、完善自己的性格情绪，才能在事业中不断前进，实现自己的梦想。

所谓：“智者事事反求诸己，愚者处处外求于人。”如果我们能够不断反思自己所处的境况，并努力地寻找种种解决问题的方法，从中悟到失败的教训和不完美的根源，全力以赴地去改变，就可以脱胎换骨，巧妙运用能力与思想，获得成功。

一个学会了自我反省的人，就会在不断地探索中变得成熟，就会在不断地改过中学会取舍，就会在不断地总结中得到指引，如此就再没有什么困厄与艰难可以阻挡你得到圆满的人生！

第八章
不要只做跟随者，要做规则的制定人

骑马坐在后面的人，无须掌握方向。

——［英］托·富勒

巧动脑筋，换一种方式思考

从不同的角度看问题，就会产生不同的想法：选择一个有利于自身发展的角度看问题，会起到积极的作用；反之，则会起到消极的作用。

对于我们来说，虽然绝大多数思考都是毫无意义的，但是如果没有这些无意义无用处的思考也就不会出现对人类有利的思考，也就不会有人类创造的一切新生事物。思考是人优越于动物的根源！富人通常都喜欢动脑筋，遇到问题的时候，都会换一种思考方式。

公元1066年，宋朝英宗年间，黄河发洪水，冲垮了河中府（今山西省永济县）城外的一座浮桥，将两岸用来拴住铁桥的8个各重5000千克的铁牛也冲到了河里。洪水退去以后，为了重建浮桥，需要将这8个大铁牛打捞上来。在当时，这是一件非常困难的事，府衙贴了招贤榜。后来，一个叫怀炳的和尚揭了招贤榜。

怀炳经过一番调查摸底和反复思考，最后指挥一帮船工终于将8个大铁牛全都捞上了岸。怀炳提出的办法是：指挥一帮船工将两条大船装满泥沙，并排靠在一起；同时，在两条船之间搭了一个连接架。当船划到铁牛沉没的地方时，他让人潜入水中，把拴在木架上的绳子的另一端牢牢地绑在铁牛上。然后，船工一面在木架上收紧绳子，一面将船里的泥沙一铲一铲地抛入河中。随着船里泥沙的不断减少，船身一点一点地向上浮起。当船的浮力超过船身和铁牛的重量时，陷在泥沙中的铁牛便逐渐浮了起来。这时，通过船的划动，很容易地就能把铁牛拉到江边并拉上岸。如此反复进行了8次，终于将8个大铁牛全都打捞到了岸上。

其实，怀炳的设想，就运用了形象思维的预示想象创新思维方法。只有经常换一种方式思考生活，才不会让你陷入欲望的深渊里，才会使你变得更加睿智。从不同的角度看问题，就会产生不同的想法：选择一个有利于自身发展的角度看问题，会起到积极的作用；反之，则会起到消极的作用。

家里买来了成筐的苹果，你是否总是先吃那些已经开始腐烂，或者将要坏掉的苹果？几天下来，好苹果也一直在变坏，你每天吃的都是坏苹果。其实，如果先吃好苹果，也浪费不了多少，但结果会大不一样，关键是思维定势在作怪。要想获得金钱，离不开思考方式的转换！信息来自四面八方，如何去伪存真，保持头脑清醒？在这里，我们就给出保持思维敏锐的七条规则。

1. 合理质疑

所谓质疑就是，在有事实根据之前，不要轻信。不要只看表面现象，要经过仔细分析再作出判断。尤其是那些听上去很诱人的东西，比如：让你一夜暴富的秘密、轻松减肥的窍门、获得某种超能力……一定要保持警惕，没有足够证据之前，绝对不要盲信。

2. 看重铁的事实

我们需要的是未经过加工、真实反映实际情况的事实资料，所有的讨论和结论都应该有其事实基础。如果有人要灌输给你观点，要先问问他，是否有靠得住的事实基础。比如，“老王有两米高”“老王是帅哥”，这最好有第三方人士或者机构提供的验证证明。

3. 无事实资料不下结论

没有足够的事实撑腰，最好的结论可能就是“我不知道”。对很多人来说，只要得出一个结论也比没有强。其实，这种想法是错误的！比如，人死后会不会到另一个世界？人们可能有很多幻想，各种宗教也有不同的解释，但是最接近事实的答案就是“我不知道”。

4. 寻求并验证假设

因为不可能了解所有的事情，所以讨论得出的结果往往都是假设，甚至结论本身也只是在某种条件下经过检验的假设而已。在得出结论的时候，一定要搞清楚这个结论到底在什么条件下才成立。

5. 找出反例

如果已经知道一个结论是在什么条件下成立的，最好再想想，在什么条件下它不成立。一定有这样的条件，除非你没办法列举各种条件。任何事物都有其两面性，接受了一面的同时，也要给另一面一个机会。

6. 尽量避免偏见

做出判断的时候，每个人都不可避免地带有自己的偏见。你需要做的就是，尽量减少偏见对自己的影响。面对新事物的时候，保持谦虚，要提醒自己不可能什么都懂，什么时候都是对的；要暂时抛开自己固有的世界观，给事实一个被聆听的机会。

7. 愿意根据情况改变自己的结论

著名经济学家凯恩斯曾经说过：“当事实发生变化，我会改变我的想法。你为什么不?”这是一种令人肃然起敬的态度。我们都是普通人，都会通过只言片语得到一些结论，如果这些结论是错误的，也是正常的，放弃自己的错误观点并不丢面子！

敢于打破常规，才能成就自己

［　任何个人，在危机来临时，都要想到打破常规。谈古论今，任何成大业、干大事者无不具有这种打破常规的创造性思维。］

很多人在做一件事情之前，通常都不会去想应该怎样做，而是按照自己或者习惯性的方法直接行动。可是，很多事情，按照常规的思路是很难有结果的。研究发现，人们所使用的能力只有我们所具备能力的 2% ~ 5%，也就是说，可以挖掘的潜力是非常巨大的，而敢于打破常规无疑是打开这扇大门的一把金钥匙。

有一天，小朋友们在一起玩儿捉迷藏，一个孩子爬到假山上，不小心摔了下来，正好摔到大水缸中。水缸又高又大，孩子很快就会被淹死。

其他小朋友有的吓哭了，有的吓跑了。一个叫司马光的孩子急中生智，抱起地上一块大石头，狠劲儿向水缸砸去。水缸破开，水哗哗地流了出来，缸中的孩子得救了。司马光机智勇敢的举动，受到了大家夸奖。

司马光勤奋好学，喜欢读历史书籍，博学多闻，二十岁时便考中了进士。他在朝中做官期间，努力收集历史资料，经过几十年的努力，最后编成了《资治通鉴》，后来还当过宰相，成了我国宋代有名的史学家。

任何个人，在危机来临时，都要想到打破常规。谈古论今，任何成大业、干大事者无不具有这种打破常规的创造性思维。

“百尺竿头，更进一步”！想要占得先机，胜人一筹，就要具备创新精神。而在战场上，不执着于常规的心态和战术甚至成了生死存亡的关键所在。

1960 年，第二次世界大战名将蒙哥马利在毛泽东面前盛赞他指挥的解放战争三大战役，毛泽东却说："四渡赤水才是我的得意之笔。"为什么说四渡赤水是毛泽东军事生涯中的得意之笔？

解放战争后期，毛泽东之所以决定发动辽沈、平津、淮海三大战役，与国民党军队展开战略决战，就是因为当时敌我双方力量对比已发生了显著变化，全国的政治和军事形势对我军都十分有利。而红军长征中的四渡赤水，则是在极其艰难的情况下进行的。

从兵力上看，湘江血战后，红军由出发时的 8.6 万人锐减为 3 万余人。蒋介石全歼红军于湘江的企图落空，又在赤水流域布下了 40 万重兵。从装备上看，红军自开始长征、突破 4 道封锁线以来一直打的是消耗战，不但没有取得大的胜利、缺乏弹药补给，而且元气大伤，更为严重的是，一些领导人习惯了阵地战，对于毛泽东机动灵活的战略战术不理解。

面对重重困难，毛泽东率领中央红军上演了我军军史上的精彩一幕：一渡赤水，作势北渡长江却回师黔北；二渡赤水，利用敌人判断红军北渡长江的错觉挥师向东，取桐梓，夺娄山关，破遵义城；三渡赤水，再入川南，待蒋介石向川南调集重兵之时，红军已从敌军间隙穿过；四渡赤水，南渡乌江，兵锋直指贵阳，趁坐镇贵阳的蒋介石急调滇军入黔之际，红军又入云南，巧渡金沙江，跳出了国民党重兵的包围圈。

战争不仅是敌对双方军事实力的较量，而且是两军最高统帅在军事指挥能力上的直接较量。毛泽东用兵，使红军一反长征初期被动挨打的局面，从被迫转移变为主动调敌、牵着敌人的鼻子走。

机动灵活的运动战战术，是四渡赤水的精髓所在，也是红军在敌强我弱的条件下掌握战略转移主动权的关键！四渡赤水不仅保存了红军的有生力量，使红军跳出了敌人的包围圈，还进一步巩固了毛泽东在党和红军中的领导地位。

《孙子兵法·势篇》中说："凡战者，以正合，以奇胜。"这里所谓的"正"和"奇"指的就是常规和非常规。所谓"正"，是指正面作战、常规作战、大规模消耗战；所谓"奇"，是指迂回作战、机动作战、以计胜敌，最大限度地打击敌人、保护自己。毛泽东领导的红军四渡赤水，就避开常规的正面作战，采用迂回、机动的非常规战略，出奇制胜的经典之作。

因此，无论在战场上，还是在商场中，如果想攻无不克、战无不胜，必须以正兵当敌，以奇兵取胜。如果能在"正"的基础上灵活地运用"奇"，就可以收到事半功倍的效果。因此，在创富的过程中，要时刻保持一种开放的心态，拓展思维领域，不可执着于常规，只有掌握了事情的正反两面，才能取得好的效果！

规则可以创新，不要一味遵守

> 要想让自己的事业取得成功，要想让自己的财富增加，就要有创新精神。做生意的时候，不能看到别人做什么，就跟着做，而要不断开拓新领域。要争取比别人早一步，如果老跟着他人走，什么事情都做不成！

关于创新，有这样两个小故事。

故事一：一孔值百万。

20世纪40年代，美国有许多制糖公司向南美洲出口方糖。糖在海运中会有受潮现象，因此给公司带来巨大损失。公司花了不少钱请专家研究，但始终未解决这个问题。

后来，一位名叫科鲁索的制糖工人，想出一个简单的防潮方法：

只要在包装纸上开一个小孔，使空气对流起来，方块糖就不会受潮了。其实，就像是大厅里开个排气孔一样。它虽然十分简单，但不容易被人想到。科鲁索把自己的“打孔”发明申请了专利，后来，一家制糖公司得知后，出价100万美元买下了这个专利的使用权。

戳个小孔就值100万美元，这是投机吗？并不是，这就是创新的力量！

故事二：扔石填塘。

在一个小村子里，有一个没人管的臭水塘。一天，一个聪明的少年和父亲一起摘苹果时想到了那个臭水塘。于是，对父亲说：“能不能给我一篮子苹果?”父亲问他做什么。他回答说：“我能用一篮子苹果，把村里那个臭水塘填平。”

父亲感到很奇怪，想想一篮子苹果也不多，就答应了。男孩拎着苹果跑回家，找到一块长木板，写上这样一句话：“打中木板一次，得苹果一只。”然后，便拎着苹果跑到水塘边，把木板插到小水塘一侧，请小朋友回村里宣传。

村民们都觉得很新奇，都想参与一下。结果，你扔一块石头，他扔一块石头……就在篮子里的苹果快发完的时候，水塘果然被扔出去的石块填平了。这时，村里人才明白这个少年的用意，连夸他聪明。

激励的办法只要巧，就会增强人们的行动意识。如今，我们已经不用再为温饱问题而心烦了，在生活方面有了更高的追求。如果意识方面不能做到更新，就会被市场淘汰。世界是不断变化的，某种产品在某时段可能受到欢迎，但是时间段过了，可能就没有市场了。

不管做什么，都需要学会创新。如果没有新意，就无法吸引人们的注意力！

西安宝石轴承厂厂长李照森和夫人发明的锅巴片，获得了国家专利，其生产技术已在十多个国家和地区获得专利权。太阳牌系列食品已成为风靡全国、跻身国际市场的名牌产品。仅1990年一年，西安太阳食品集团的食品销售量就高达25000多吨，销售收入达15亿元。

一次偶然的机会，李照森陪客人到西安饭庄进餐，发现人们对一道用锅巴作原料的菜肴极感兴趣，于是引发了联想：“锅巴能作菜肴，为什么不能成为一种小食品呢？美国的土豆片能风靡全球，作为烹饪大国的中国，为什么不能创出锅巴小吃打出国门呢？”接着，他便试制、成功、投产、走俏。一时间，小米锅巴、五香锅巴、牛肉锅巴、麻辣锅巴、孜然锅巴、海味锅巴、黑米锅巴、果味锅巴、西式锅巴、乳酸锅巴、咖喱锅巴、玉米锅巴等不一而足、琳琅满目。

锅巴畅销，之后类似于锅巴特征的食品也相继开发问世，如虾条、奶宝、蓼宝、麦圈、菠萝豆、乳钙杀香酥、营养箕子豆等，这些风味多样的新产品丰富了小食品市场，也使西安太阳集团获利丰厚。

在经济学中，有一个有名的“边际效用递减”原理，这条原理告诉我们，人们对某种东西，开始的时候都会产生新鲜感，但是随着时间的推移，这种感觉就会消失。因此，只有不断创新，才能不断满足消费者的好奇心理。

要想让自己的事业取得成功，要想让自己的财富增加，就要有创新精神。做生意的时候，不能看到别人做什么，就跟着做，而要不断开拓新领域。要争取比别人早一步，如果老跟着他人走，什么事情都做不成！

任何一个行业，都不能长期赚钱，往往都是先来者赚得多，后来者就赚不了了，甚至会面临赔钱。看到别人赚钱，自己才加入，是很难成功的。人的欲望是无限的，只有创新才能满足一切！

第九章
拥有一双善于发现的眼睛

没有顽强的细心的劳动，即使是有才华的人也会变成绣花枕头似的无用的玩物。　　　　——［俄］斯坦尼斯拉夫斯基

多站在别人的角度看问题

孙子兵法有云：“知己知彼，百战不殆。”而“知己”与“知彼”相比较，“知彼”就更为重要。面对生死相敌的对手，这一条则更为重要。伟大的斗士都是不会随便轻视他的对手的。要做到“知彼”，最好的方法莫过于站在对方的立场看问题。

有这样一个故事。

一个犯人被单独监禁，为了不让他伤害自己，有关当局已经拿走了他的鞋带和腰带。这个人用左手提着裤子，在单人牢房里无精打采地走来走去。他提着裤子，不仅是因为他失去了腰带，而且因为他失去了15磅的体重。从铁门下面塞进来的食物都是一些剩菜剩饭，他看都不想看一眼。突然，他嗅到了一种万宝路香烟的香味。他喜欢万宝路这种牌子。

犯人通过门上一个很小的窗口看，看到门廊里的卫兵在吸烟，美

滋滋地吐出来。囚犯很想要一支香烟，便用右手指关节客气地敲了敲门。卫兵慢慢地走过来，傲慢地哼道："想要什么？"

囚犯回答说："对不起，请给我一支烟……就是你抽的那种：万宝路。"卫兵错误地认为囚犯是没有权利的，所以嘲弄地哼了一声，之后转身走开了。

囚犯却不这么看待自己的处境，他认为自己有选择权，愿意冒险检验一下自己的判断，于是又用右手指关节敲了敲门。这一次，他的态度是威严的。那个卫兵吐出一口烟雾，恼怒地扭过头，问："你又想要什么？"

囚犯回答道："对不起，请你在30秒之内把你的烟给我一支。否则，我就用头撞这混凝土墙，直到弄得自己血肉模糊、失去知觉为止。如果监狱当局把我从地板上弄起来，我醒过来后，就说这是你干的。当然，他们绝不会相信我。但是，想一想你必须出席每一次听证会，你必须向每一个听证委员会证明自己是无辜的……所有这些都只是因为你拒绝给我一支劣质的万宝路！就一支烟，我保证不再给你添麻烦了。"

结果，卫兵不仅从小窗里塞给他一支烟吗，还替囚犯点了烟。为什么？因为这个卫兵立刻明白了事情的得失利弊。

这个囚犯看穿了士兵的立场和禁忌，或者叫弱点，满足了自己的要求——获得一支香烟。由此可见，站在对方的立场考虑问题，你会变成别人肚子里的蛔虫，他所思所想、所喜所忌，都会进入你的视线中。在各种交往中，你都可以从容应对，要么伸出理解的援手，要么防范对方的恶招。如果不懂得站在对方的立场考虑问题，就会丧失许多可以成功的机会。

创建了著名的松下电器公司的松下幸之助先生，在做生意的过程中，总结出了一条重要的人生经验：站在对方的立场看问题。

人们交往之间，总有许多分歧。松下幸之助总希望缩短与对方沟通的时间，提高会谈的效率，但却一直因为双方存在不同意见、说不到一块儿而浪费掉大量时间。他知道，对方也是善良的生意人，彼此并不想坑害对方。

在23岁那年，有人给他讲了一则故事：犯人的权利。他终于从中领悟到一条人生哲学。凭借这条哲学，他与合作伙伴的谈判突飞猛进，人人都愿意与他合作，也愿意做他的朋友。

不可否认，松下电器公司能在一个小学没读完的农村少年手上，迅速成长为世界著名的大公司，就与这条人生哲学有很大关系。这条哲学很简单：站在对方的立场看问题。仅仅是转变了一下观念，学会站在对方的立场看问题，松下先生便立刻获得了一种快乐——发现一项真理的快乐。后来，他把这条经验教给松下的每一个员工。

孙子兵法有云："知己知彼，百战不殆。"而"知己"与"知彼"相比较，"知彼"就更为重要。而对生死相敌的对手，这一条则更为重要。伟大的斗士都是不会随便轻视他的对手的。要做到"知彼"，最好的方法莫过于站在对方的立场看问题。

发现自己的优势，不断挖掘潜能

若想让自己成为千万富翁，首先就要找到自己的优势，将其发挥到极致，经过不断的打磨历练，保持锐度，不断精进。

成功学专家曾做过这样的论断："判断一个人是否成功，最主要是看他能否最大限度地发挥自身优势。研究发现：人类一共有400多种优势，这些优势本身的数量并不重要，重要的是应该知道自己的优势是什么，然后将自己的生活、工作和事业发展都建立在这些优势上。"如果想让自己成为有钱人，涉及很多因素，比如机遇、环境、心态、努力、工作等。但首要任务是认识自己，找到自身优势所在。

个人发展，关键在于选对角色，无论身处怎样的社会地位，只要将自身优势发挥到极致，一定能有所作为。这里有一个有关台湾知名女艺人蔡琴的故事。

几年前，蔡琴的演艺事业陷入低谷，生活备受打击，她与台湾著名导演杨德昌维持了多年的婚姻也宣告结束。那段日子，对蔡琴来说非常难熬，她也因此迷失了人生方向。

一天，几位朋友结伴来看望她，给了她一些安慰和鼓励。蔡琴摇摇头说："一切都结束了，我再也不可能站起来了，我什么都没有了。"一位朋友说："不，你有很多优点，而这些优点正是你重新开始的最好资本。""优点？我哪有什么优点？"蔡琴摇着头说。"这样，我们把你的优点都罗列出来并写在纸上，好吧？"

朋友不管蔡琴是否同意，就找来纸和笔，开始在纸上写蔡琴的优点，整整写了30分钟，加起来总共有225条。朋友把这225张写着蔡琴优点的小纸条小心翼翼地折叠好，然后让蔡琴找出一个瓶子，把这些纸条全部装进去。完事之后，朋友们对蔡琴说："我们不是在恭维你，这些优点是你平常给我们留下的印象。从明天起，每天起床后从瓶子中拿出一张纸条，看看上面写的字，你就会对自己充满自信。"

蔡琴觉得这很有意思。第二天早晨，她起床之后就打开了瓶子，拿出了一张纸条，慢慢地展开，上面写着两个字："乐观。"下面还有一行小字："蔡琴，加油！"看着这张纸条，蔡琴的眼睛湿润了，她感受到了来自朋友的关爱，心里暖暖的。

第二天早晨，蔡琴又从瓶子里拿出了一张纸条，上面写着两个字"聪明"。看完，她笑了，她没有想到，在朋友眼里，自己是个聪明的人。第三天，蔡琴手中的纸条上写着："有歌唱天赋"。第四天，蔡琴手中的纸条上写着"进取心强"。第五天……

225张纸条，每张纸条上都写着朋友对自己的评价。那些写满优点的225张纸条，给了蔡琴力量，陪她度过了那段伤痛的日子，并使她认识到自己在别人眼中，并不是一个失败的女人。既然自己在别人眼里有这么多优点，为什么不重新振作起来呢？

告别伤痛，蔡琴带着信心和歌声再次走上了舞台，她的演艺事业进入了第二个春天。

其实，我们都没有自己想象中的那么差劲，我们都比想象中的自己更完美。找到自身优势，也就发现了通往财富的秘诀。研究发现，一个人之所以能成功不是依靠弥补自己的缺点和缺陷，而是要发挥自己的优势。可是，在现实生活中，很多人对自己的才能和优势并不了解，更不知道如何充分发挥；相反，由于受传统观念的影响，人们更多地在弥补自身缺陷、弱点，认为只有比别人的缺点更少，才能取得成功。

什么是优势理论？简单来说，就是要让你的长板更长，而不是用传统思维去弥补你的短板。在发现自身优势之后，智慧之人都会持续使用和强化自己的优势，使自己的“长板”更长，从而脱颖而出，傲视群雄；否则，再大的优势，不持续使用、打磨，最终也会“发霉生锈”。因此，若想让自己成为千万富翁，首先就要找到自己的优势，将其发挥到极致，经过不断的打磨历练，保持锐度，不断精进。

那么，如何才能发现自身优势呢？下面简要罗列几点。

（1）充分认识自己，学会剖析自己。

（2）多接触朋友、同事，让他们帮助你找到自身优势。

（3）学会思考，用智慧来发挥自己的亮点，用亮点来制订自己事业的发展目标。

（4）一有机会，就要尽量去展现自己，要无拘无束、无所顾忌。

（5）学会正确归因。潜能需要激发，这种激发是一个循序渐进的过程，能否正确归因就是其中一个关键因素。

（6）养成良好的习惯。习惯就像一个能量调节器，好习惯会自发地使我们的潜能指引思维和行为朝着成功的方向前进；坏习惯，则反之。

（7）敢于向自己挑战。一个人的潜能是无限的，只要有挑战自我、挑战极限的勇气，万事皆有可能。

（8）培养良好的心理品质。拥有较强的心理素质，有助于坚持不懈地寻找自身优势，有效避免因外界干扰而轻易放弃。

只有放远眼光才能发现新商机

要想成为富翁，就要放眼长远。只有敢于抛弃手中的火把，才能看见远方的光明，才能走出狭窄的山洞，走进一个广阔的人生天地。

小时候，很多人都听老人讲过爬大山的秘诀：看得远才能走得远。他们说，把目光放远一些，不仅能看清方向，走得顺利；而且，走起来也不会觉得太累，能走得快，走得远。同样，做生意把眼光放得长远，也是生意人应该具备的思维！

一天，两个人同时掉进了山洞，一个借着火把的光在洞中行走，他能看清脚下的石块，能看清周围的石壁，因此不会碰壁，也不会被石块绊倒。但是，他却看不到山洞的出口，走来走去，就是走不出山洞，最终累死在了洞里。

另一个人则抛弃了火把，他在黑暗中摸索行走。虽然时不时也会碰壁，也会被石头绊倒，但是因为置身于一片黑暗之中，眼睛能敏锐地感觉到洞口透进来的光。他迎着这缕微光爬行，最终逃离了山洞。

自然界中，狼会遇到各种各样的事情。在遇到事情的时候，狼会是前思后想，从来不会轻易地下结论，它们总会把眼光放得很远，因为它们知道长远的利益才是最重要的。这就是狼的生存心态！如果将狼的这种思维引入到人类的生活，就是要站在高处，把目光放长远。

要想成为富翁，就要放眼长远。只有敢于抛弃手中的火把，才能看见远方的光明，才能走出狭窄的山洞，走进一个广阔的人生天地。

两个结伴而行的流浪汉遇到了一个垂钓的老人，老人看见两人饥饿得可怜，就准备将钓到的鱼分给他俩。其中一个流浪汉高兴得不得了，因为可以大饱口福了；而另一个却不要鱼，他希望得到老人的鱼竿和钓鱼技术。

老人感觉很奇怪，但还是答应了，并教了他整整一个下午。后来，两个流浪汉又各自流浪了。得到鱼的那个流浪汉将鱼吃完后，又开始沿街乞讨。而另一个流浪汉，则来到一个大湖边，以钓鱼为生，几年后，他盖起了房子，娶了媳妇，生了儿子，还有了自己的渔船，过上了幸福安康的生活。

一个人如果只顾眼前的利益，就会像第一个流浪汉那样，仅仅会得到短暂的快乐；只有把眼光放长远一点，看得远一点，才会获得长久的收获。道理就是这么简单！

在这个世界上，我们很容易被很多东西诱惑，比如：金钱的威力、地位的荣耀、名誉的光环等，如果不将眼光放长远一点，就容易被这些东西蒙住眼睛，迷失自我。走路爬山需要眼光，经商赚钱需要眼光，聚集财富同样需要眼光。

一个人只有看得远，才有可能走得远。为了自己能够走得更远，首先必须把眼光放长远，不能鼠目寸光、斤斤计较、急功近利。将眼光放长远一点，其实就是给自己确立一个长远的奋斗目标。只有在这一目标的指引下奋斗，才不会失去方向或半途而废！

第十章
只有偏执狂才能生存

偏执是件古怪的东西。偏执的人必然绝对相信自己是正确的，而克制自己，保持正确思想，正是最能助长这种自以为正确和正直的看法。

——［美］海明威

在行业里坚持十年，你就是专家

无论干哪一行，一旦选定了目标，就要坚持下去。如果今天想从政，明天又想去经商，到最后肯定是一事无成。

改变就意味着新的开始，而坚持的人却是在不断积累，所以那些在一个行业里做出点眉目的人，往往并不是什么聪明人，而是坚持做下去的人。

明朝万历年间，号称“天下第一关”的山海关因年久失修，题匾中的“一”字脱落。万历皇帝听说后觉得这不成体统，于是昭告天下，向国内的书法家征集那个“一”字，恢复山海关的原貌。

很多人都送来了自己的作品，但令人惊奇的是，最后补上那个“一”字的，竟然是一家客栈的店小二。难道这位店小二是一位深藏不露的书法大师？当然，不是！

原来，这家客栈恰好面对山海关的城门，店小二的视角正好对着那个“一”字，每天擦桌子的时候他都会用抹布“临摹”那个“一”字。天长日久，便对这个“一”字了然于胸，写起来也更得心应手。

店小二因为把目标集中到了“一”字上，始终坚持着临摹，最后自然会超越了那些书法大家。同样，在创富的过程中，如果能够把人生目标集中到一点上，只要坚持下去，持之以恒就能创造奇迹。

如今，很多人虽然刚刚踏入职场没几年，但已经有了好几家公司的就业经历。频繁的跳槽已经成为了许多人不可避免的一个现象。其实，频繁的跳槽并不能给我们的工作带来什么起色；相反，那些在一个行业里奋斗到底的人，却往往成了最后的赢家。

赵刚是一家文化学校的副校长，之后决定到北京发展。赵刚毕业于名牌大学，英语也过了六级，而且毕业实习的时候还在娱乐公司做商业策划。凭借着这些资本，他完全可以找到一个待遇高、工作轻松的职位，但最后却选择了一家规模不大的文化学校，重新从最底层的任课老师做起。

由于学校名气不大，所以赵刚每天除了想尽办法地给学生辅导功课外，还要发放广告传单。由于工作量很大，每到一个月，赵刚就瘦了一大圈。朋友对赵刚的这份执拗无法理解，笑他自找苦吃。可是，赵刚却说出了自己的想法：“只要一个行业适合你，在这个行业里做三年就一定能有小成，十年就一定有大成！千招会，不如一招熟，别的工作再好，也只是多赚一些钱罢了；尽管这份工作很辛苦，却是我能为之奋斗一辈子的事业。”

事实证明了一切！半年后，学校的负责人找到了赵刚，因为越来越多的家长点名要赵刚给他们的孩子上课。负责人和赵刚促膝长谈了一次，吃惊不小。因为赵刚从学校的顾客群，到讲课的方法，再到跟踪服务等，都提出了系统而切实可行的方法。而且，他还告诉负责人，自己曾经从事过这个行业，并且积攒了大量的相关经验。

这次谈话之后，赵刚就成了负责人的助手，他们的学校也迅速发展了起来。几年之后，赵刚已经成了圈子里的名人，越来越多的家长慕名来找他。随着名气的上升，赵刚干脆自己创业办了一家学校，由于积累了相当多的人气和资源，事业自然是蒸蒸日上。

对于未满 30 岁的人来说，30 岁之前的布局决定着 30 岁之后的结局。你在心中如何策划自己的未来，就会收获什么样的未来。踏入职场时，就要选定一个最适合自己的行业，然后坚定不移地在这个行业上走下去。也许在最初的时候，你的工资没有别人高，你的工作任务比别人重，但这些都不重要，重要的是你始终在这个行业里努力学习，掌握了这个行业的发展规律，等到时机成熟时，必然会成为最大的赢家。

老虎捕食时，在锁定猎物后，就会聚精会神地盯住它，不会轻易改变。因为它知道，改变就意味着重新开始，意味着再次的观察、追捕、调整，之前所有的努力就全部白费了。这也启示我们，无论干哪一行，一旦选定了目标，就要坚持下去。如果今天想从政，明天又想去经商，到最后肯定是一事无成。

要明白，选定一个行业，谁都可以，但坚持十年，却不是每个人都能够做到的，因为这需要你具备非凡的意志力和坚持不懈的勇气，这也是为什么失败者总是比成功者多的原因。

学会坚守，才能成功

事业如生命的小露珠一样，虽也闪现晶莹的美丽，但是如果不着手将它护理好，一旦触及阳光，很快就会干涸、消失。无论做什么事情，都必须具有坚强的毅力，从小事做起，只有学会坚守，才可能成就大事业。

墨子在《修身》一文中有这样一句话：“置本不安者，无务丰末；事无始终，无务多业。”意思是说，根基树立得不安稳，就不要追求枝节的茂盛；办事要有始有终，不要盲目追求多种事业。人生旅途，一旦确立了自己的人生方向，就不要三心二意，要瞄准那个目标，把根基扎深扎牢，有始有终地坚持下去，成器的大树得先有一个牢靠的根基。

现在社会中，很多创富者都有这种毛病：一遇到困难就放弃或是见其小而放手了。却不懂得坚持干下去会有收获，而忽略了事业的本真。其实，事业如生命的小露珠一样，虽也闪现晶莹的美丽，但是如果不着手将它护理好，一旦触及阳光，很快就会干涸、消失。

老子在《道德经》中说：“合抱之木，生于毫木，九层之台，起于累上，千里之行，始于足下。”这就告诉我们，大的东西无不从细小的东西发展而来的。同时也告诫人们，无论做什么事情，都必须具有坚强的毅力，从小事做起，只有学会坚守，才可能成就大事业。

有这样一则寓言故事。

光滑的墙壁上，一只蚂蚁在艰难地往上爬。爬到一大半，忽然滚落下来，这是它的第七次失败。过了一会儿，它又沿着墙角，一步步往上爬了……最后，它终于爬到了终点。

第一个创业者注视着这只蚂蚁，禁不住说：“一只小小的蚂蚁，这样执着顽强，真是百折不回啊！我现在才遭到一点点挫折，能气馁退缩吗?”他觉得自己应该振奋起来，勇敢地面对道路上的种种困难。后来，他成功了，成了一名富可敌国的商人。

第二个创业者注视着这只蚂蚁，也禁不住说：“可怜的蚂蚁，只要稍微改变一下方位，它就能很容易爬上去；可是，它就是不肯看一看，想一想……唉，可悲的蚂蚁！我现在正经营的事业前途黯然，我不能再蛮干下去了——我是个人，是个有头脑的人。”不久，他就选择了其他行业。可是，他自认为的那种聪明，使他果断地放弃了原来做的那份事业，在新的行业中做了多年后，又潦倒地重回到了原来干的事业上来。他认为还是原来经营的行业好。

第三个人也一直观察着这只蚂蚁，他听到这两个人的话，就去问智者："观察的是同一只蚂蚁，为什么两人得到的启示却完全不同？可敬的智者，请您说说在他们中间，哪一个对，哪一个错呢？"智者回答："两个都对。"

问者感到更困惑了："怎么可以都对呢？对蚂蚁的行为，一个是褒扬，一个是贬义，对立是如此的鲜明您是不愿还是不敢分辨是非呢？"智者笑了笑，回答："太阳在白天放射光明，月亮在夜晚投洒光辉，它们是不同的，但你能说，太阳和月亮都没给我们带来光明？"

问者愣了。

这则寓言给人的启示：坚持是通往成功的基石！寓言的焦点就在那只蚂蚁在光滑的墙壁上往上爬的"艰难"。第一个创业者的褒扬、振奋和坚持使他成功，第二个创业者遭受挫折后醒悟，又重回到了原来的事业上来。给我们带来了很大的启迪：行动实干比浪费时间的听解释重要得多。其实，智者早已看透了寓言的全部奥秘——两个创业者各自打开了心灵的窗，让寓言的阳光照进来，照亮了各自的心智。

人生最疚心的事情，是遇到小困难而没坚持做下去，他人却在坚持中喜得收获。宽阔的大路，都是一粒一粒的沙尘铺就的。因小而不为，三心二意，或不懂得如何坚持，都是无法取得成就的，自然无法获得财富。

人的命运都蕴藏在自己的智慧中，操控在自己手中，要努力用自己的双手挖掘出来，去发挥，去创造这样的人生，终会嗅到那财富的花香！

走自己的路让别人说去吧

太在乎别人的眼光和评价，只能让自己做事放不开手脚，犹豫不决，失去自我，失去个性，丢失自我的价值。只有坚持自己所坚持的、相信自己所相信的、完成自己所能完成的，才是正确的。在创富之路上，别人怎么看你并不重要，重要的是你是否勇敢地做自己。

每个人的心中都有一把标尺，我们可以把自己的标尺定得很高，向着这个目标努力，但是绝不可以把自己人生的标尺定格在别人的目光之上。否则，目标实现起来就会很累，而且永远也实现不了。现实生活中你永远无法取悦所有的人，就像鲁迅先生说过的那样：走自己的路让别人去说吧！要做自己的主宰！

从前，有一位画家想画出一幅人人见了都喜欢的画。经过几个月的辛苦工作，终于画好了。画家拿着画好的作品到市场上，在画旁放了一支笔，并附上一则说明："亲爱的朋友，如果你认为这幅画哪里有欠佳之笔，请赐教！"并在画中作上标记。

晚上，画家取回画时，发现整个画面都涂满了记号，没有一笔一画不被指责的。画家心中十分不快，对这次尝试深感失望。他决定换一种方式再去试试，于是又摹了一张同样的画拿到市场上展出。可这一次，他要求每位观赏者将其最为欣赏的妙笔都标上记号。结果，一切曾被指责的笔画，都换上了赞美的标记。最后，画家不无感慨地说："我现在终于明白了，无论自己做什么，只要一部分人满意就足够了。因为，在有些人看来是丑的东西，在另一些人的眼里则恰恰是美好的。"

生活中，我们也常常遇到类似的事情，就如现在做淘宝店铺，即使是你免费送东西，有人也会嫌你送的东西太小，或者会有一些别的不良评论。

现实生活中，什么样的人都有，即使你是好心，即便你尽了全力，但依然不可能使所有的人都满意。既然如此，别人说的，就让人去说；别人做的，就让人去做。嘴巴长在人家的脸上，我们也控制不了！

曾经看到一句话：太在乎别人的眼光和评价，只能让自己做事放不开手脚，犹豫不决，失去自我，失去个性，丢失自我的价值。这句话说得很有道理！在当今社会，我们完全没有必要在乎别人、比较别人，只有坚持自己所坚持的、相信自己所相信的、完成自己所能完成的，才是正确的。在创富之路上，别人怎么看你并不重要，重要的是你是否勇敢地做自己。

1. 人生在世，你只有一次生命可以追逐自己的梦想

去做自己喜欢的事情，即使失败，也胜于在自己讨厌的事情上取得成功。所以，一定要把握机会，追逐自己心的梦想，屡败屡战，直到成功；要勇于牺牲，敢于走出舒适的避风港，一次次搏击人生；要坚守自己的梦想，并努力把它付诸现实。

2. 唯一值得在乎的是你自己

实际生活中，要放弃别人眼中完美的自己，起航真正的自我。虽然这是一件相当艰难的事情，但有着非凡的意义。所以，要让自己的爱好自由飞翔。因为，爱好决定梦想，梦想决定行动，行动最终将决定你的命运。

3. 有些人永远不会认可你

不要让别人否认的目光扰乱你内心的平静。世上有两种人：一种人会消耗你的能量和创造力；另一种人会给你能量，支持你的创造，或者只是一个简单的微笑。快乐是你的选择，活着不是为了取悦他人，创富也不是为了他人！

4. 每个人生命的旅程和前途是完全迥异的

让你与众不同的一点就是：你是谁。不要为了任何人轻易改变自己的本质。未来永远是一个谜，不要害怕探索、求知，不要害怕成长。该来的总会来，只要迈开大步、勇敢前行即可。当你面临需要抉择的岔路口时，要做出让自己不后悔的选择。

5. 亲身体验通常是成长所必需的

关于生活的经验只有通过自己的实践，才能转化成智慧。所以，要尝试并积累经验，而不是依赖别人的意见。这种亲身体验，可以让你更加理智的思考，然后朝着正确的方向，更加成熟稳重地前进。

6. 你的直觉无须别人认可

乔布斯讲过："不要让别人的议论淹没你内心的声音，你的想法，和你的直觉。因为它们已经知道你的梦想，别的一切都是次要的。"当现实需要考验你内心的智慧时，一定要尝试自己想要尝试的东西，去自己想去的地方。

要相信自己的直觉，不要接受错误的建议，不要让别人困扰你的想法。如果自我感觉良好，就去做吧，否则你永远也不会知道结局会有多么完美。

第十一章
宁可钱袋瘪，也不要脑袋空

将者的首要条件是“勇气”。没有勇气，其他条件都没有多大价值，因为没有勇气，其他条件都无法发挥作用。第二是“智慧”，要聪明过人和随机应变。第三是“健康”。

——［德］萨克斯

攒钱需要想象力

想象在人的社会实践中具有巨大的推动作用，在人类的劳动过程中，通过想象可以看到未来的结果，并且以它来指导生产过程。没有想象，记忆将衰退，思维难以拓展，情感必然平淡。没有想象，世界将如一潭死水！

爱因斯坦曾说：“想象力比知识更重要，因为知识是有限的，而想象力凝聚着世界上的一切，推动着进步且是知识进步的源泉。”想象力是人类草拟所有计划的基础，借助心灵的想象能力，各种渴望也就有了形象，人们就能付诸行动。

北京曾经有一位年轻人，他生活贫困，但想象力却很丰富。有一天，他将自己穿破的一只皮鞋顺手丢在了地板上，没想到这只皮鞋鞋尖“开了口子”，好像在咧嘴嘲笑他。他很生气，打算将鞋抛到楼下，突然萌发了一个想法——这只皮鞋面很像一张脸谱。

年轻人立刻收集了多种多样的破皮鞋，并对这些皮鞋进行艺术加工，使之变成各种外形奇异、表情夸张的脸谱面具，有的张口大笑，有的露齿微笑，有的目瞪口呆……看后令人既喜又惊，回味无穷。这些特色面具推向市场后，很快便成为一种抢手货，这位曾经潦倒落魄的青年人也因此获得了财富。

具有想象力的人往往有着敏锐的洞察力，他们总能很好地捕捉到商机，从而寻觅到财富。赚钱需要想象力！

想象力是动物没有而人类独具的禀赋，我们可以利用想象去设计不同的目标，根据目标去达到成功。想象在人的社会实践中具有巨大的推动作用，在人类的劳动过程中，通过想象可以看到未来的结果，并且以它来指导生产过程。没有想象，记忆将衰退，思维难以拓展，情感必然平淡。没有想象，世界将如一潭死水！

有家旅馆处于偏僻之地，自开业以来一直生意冷清，危机重重。有一次，旅馆主人眼望着后面的荒山野岭出神。这里既没有诱人的风景，又没有闻名于世的古迹文物，如何才能将顾客吸引过来呢？主人苦苦思索着。

几天之后，该城的大街小巷便贴满了一张张奇特的海报，落款是“××旅店启”，海报上写道：“旅客，您好。本旅馆附近拥有常流的清泉，后山有着大片空地，辽阔无垠，满山的青草一望无际。在这浩瀚的原野之上，还有许多花卉来点缀，果真是锦上添花。这个地方专门留给投宿本店的旅客植树所用。您如果有雅兴，欢迎前来植下一棵小树，本店会委托专人给您拍照留念。树上还可以挂上一块木牌，上面刻上您的尊姓大名和植树时间。这样，当您再次光临此地之时，一定能看到您亲自栽下的小树已经十分茂盛，真是让人浮想联翩。本店只收取树苗费50元，并将长期代管您植的树。”

没过多久，这张小海报便传开了，人们纷纷交头接耳：“哎，在旅馆后边植树作为留念，是一件十分有意义的事情。”“我的小孩今年刚出生，若到那儿给他栽一棵同龄树，意义该有多深呀……”

渐渐地，旅馆不再为客流量少而发愁了，种植纪念树的人纷纷涌来，呈现出一派热闹的景象。几年后，旅馆的后山上已是苍翠秀丽，呈现出一派诱人的景色。当然，旅馆主人也赚足了钱。

发挥想象力，看起来简单，但就是这样一个小小的创意，便创造出了惊人的财富。所以，想象力是一个人最大的财富。丰富的想象力，对于创新思维具有极大的开发作用。戴尔·卡耐基曾说：“如果你总是按常规做事，就不可能取得进步和发展。”首先，要在思维的领域里敢于突破，敢于变化！

想象力是灵魂的创造力，是每个人的财富，是你在这个世界上唯一能够自己绝对控制的东西。所谓天才，就是想象力丰富的人。其实，不论是天才还是普通人，同样都有着想象力和以现实为基础思考问题的能力。要想成为具有创造性思维的思想活跃者，就必须学会想象。

懂得变通才能改变现状

对于一个人来说，自身修养的最高境界是：择善而固执。可是，固执易，而择善难。现实中，固执择善者少，而固执择恶者却不乏其人。固执不能择善而择恶，那就更危险了。原本能够得以补救的事情，会因为自己的固执而变得无法逆转。

一说到“变通”，很多人都会想到“郑人买履”的故事。

郑国，有个人想买鞋，就先在家里量好了脚的尺码。他来到集市上卖鞋的地方，挑了半天，挑中了一双鞋。当他准备买的时候，突然说："啊！我忘了带尺码！"说完，立刻回家去取记着尺码的纸，并带在了身上。

当他再次返回集市时，却发觉那个卖鞋的已经走了。他又看了几个鞋铺，却再也挑不到自己喜欢的鞋了。朋友听说了，就问他："当时，你为什么不用自己的脚去试鞋呢？"他说："我只相信尺码，不相信自己的脚！"朋友听完这句话，摇了摇头，叹了口气走了。

后来，人们便用"郑人买履"来形容那些不从实际出发、做事死板的人。

这则故事讽刺了那种因循守旧、固执己见、不知变通、不懂得根据客观实际采取灵活对策的人。所谓变通就是，做事情能够做到灵活，不拘泥于常规。变通，变则通，通则达。

对于一个人来说，自身修养的一个最高境界是：择善而固执。可是，固执易，而择善难。现实中，固执择善者少，而固执择恶者却不乏其人。固执不能择善而择恶，那就更危险了。原本能够得以补救的事情，会因为自己的固执而变得无法逆转。

达文是个卖糖的商人，每天都得到各村落收购糖。回家后，他再将这些糖分别包装进麻袋里，然后运到外地去销售。可是，在包装这些糖时，达文却经常把糖掉在地上，虽然他一点也不在乎，但是老婆却非常心疼。每次等老公出门后，她都会将地上的糖一一拾起，并收集起来，存放在麻袋里。这件事她并没对老公说，只是默默收集，然后放置在仓库的角落里。

第二年，因为各种因素造成蔗糖短缺，达文不得已停止了生意，他也因此欠了一屁股债。达文苦恼地叹着气："唉！真是倒霉，今年的糖价这么高，偏偏缺货，这下子叫我到哪里弄钱来还人家？如果还有糖可卖就好了，这时一定能卖个好价钱，所欠的债务也就能还清了！问题是，我到哪儿去找糖呢？”

老婆想起了仓库里的糖，快步走到仓库里清点，居然累积有40袋之多！达文跟着老婆，来到他从未踏入的仓库里，并吃惊地看着40袋糖，开心地说：“老婆，太谢谢你了，没想到我们居然能绝处逢生！”达文就靠着这40袋蔗糖，让生意转亏为盈，重新开始！这个功劳当然归他的贤妻所有，而且这个奇迹似的消息，很快便传遍整个村落，甚至还传扬到镇上。

小镇里，有个卖书报与文具的店主，也将这件事告诉他的老婆，老板娘听了之后，却颇不以为然地想：“哼，这有什么难的？”为了能得到人们的夸赞，老板娘想出了一个方法。从这天起，她每天都趁着老公不在时，将杂志、课本与年历等，各拿一本藏了起来。到了第二年的年终前，“收藏”的书报累积了不少之后，她得意地邀请丈夫到收藏室来。可是，丈夫一看，气得差点昏倒：“天哪！你干吗跟钱过不去啊？这些东西如今都过时了，有谁还要？你……你……”

不管是模仿还是学习，都要懂得灵活应用，绝不是生搬硬套就能获得同样的效果。就像文具店的老板娘一样，不懂得变通与应用，只会让自己错误地踏上以为可以通往挣钱的道路。

学习，最重要的不是理论的死记，而是知识的融会贯通，就像数学公式一样，即使一时背得再多，很快便会忘记，但是只要了解了公式里的解题技巧与原理，不管考题怎么变化，也都能迎刃而解！因此，只要将学问转化为自己的学识，把人们成功的技巧变通为自己的方法，就不会像故事中的老板娘那样将书报“收藏”至过期；而且，即使确实有过期的书报，也可以再找到“清仓”的方法。

执着指的是，面对一个方向坚持走下去；而变通则是灵活应变，随时改变方向。这两个词似乎是反义词，但是，矛盾总是统一的，并可以在一定条件下相互转化。当我们面临困难时，要选准一个方向，执着地去搜寻解决方法。如果效果不好，就可能方向错了，要开动脑筋变通一下，重新确定个方向，坚持不懈，直到解决困难为止。只有懂得变通的人，才能真正把握转瞬即逝的机会！

用灵活的头脑激发无限创意

> 孔子曾说：“君子之于天下也，无适也，无莫也，义之与比。”意思是说，君子对于天下的万事万物，并没有规定怎么样处理好，也没有规定怎么样处理不好，必须根据实际情况，只要合理恰当就好。只有灵活做事，才会取得事半功倍的效果。

在网上看到这样一个故事。

从前，有两个青年人，一个叫小山，一个叫小水，他们两人关系非常好，相约到远地去做生意。于是，两个人把田地变卖，带着所有的财产和毛驴远行了。

他们首先抵达一个生产麻布的地方，小水对小山说：“在我们的故乡，麻布很值钱，我们把所有的钱换取麻布，带回故乡，一定会有利润的。”小山同意了，两人买了麻布细心地捆绑在毛驴背上。

接着，他们到达了一个生产毛皮的地方，那里正好缺少麻布，小水就对小山说：“毛皮在我们故乡是更值钱的东西，我们把麻布卖了，换成毛皮，这样我们不但会收回本钱，返乡后还会有很高的利润！”小山说：“不了，麻布已经很安稳地捆在驴背上，搬上搬下多么麻烦呀！”小水把麻布全换成毛皮，还多了一笔钱。小山依然有一驴背的麻布。

之后，他们走到一个生产药材的地方。那里天气苦寒，正缺少毛皮和麻布。小水对小山说：“药材在我们故乡是更值钱的东西，你把麻布卖了，我把毛皮卖了，换成药材带回故乡一定能赚大钱的。”小山拍拍驴背上的麻布说："不了，走了这么长的路，卸上卸下太麻烦了！"小水把皮毛都换成了药材，还赚了一笔钱。小山依然有一驴背的麻布。

后来，他们来到一个盛产黄金的城市。这里是个不毛之地，药材稀缺，当然也缺少麻布。小水对小山说："在这里，药材和麻布的价钱很高，黄金很便宜，我们故乡的黄金却十分昂贵，把药材和麻布换成黄金，这一辈子就不愁吃穿了。"小山再次拒绝了："不！不！我的麻布在驴背上很稳妥，我不想变来变去呀。"小水卖了药材，换成黄金，又赚了一笔钱。小山依然守着一驴背的麻布。

最后，他们回到了故乡，小山卖了麻布，只得到蝇头小利，和他辛苦的远行不成比例。而小水不但带回一大笔财富，还把黄金卖了，成了当地最大富豪。

小山和小水之所以有不同的命运，正是由于小水灵活而小山死板的原因。创富之路，需要的不是兢兢业业、勤勤恳恳的"老黄牛"，而是头脑灵活、行动敏捷的"千里马"。

一次，日本索尼公司准备从新招的三名员工中选出一位做市场策划，于是对他们例行上岗前的"魔鬼训练"，予以考核。公司将这些人从东京送往广岛，让他们在那里生活一天，按最低标准给他们每一天的生活费用2000日元，最后看他们谁剩钱多。

其实，剩是不可能的，一罐乌龙茶300日元，一听可乐200日元，最便宜的旅馆一夜就需要2000日元……也就是说，他们手里的钱仅仅够在旅馆里住一夜，要么就别睡觉，要么就别吃饭，除非他们在天黑之前能让这些钱生出更多的钱；而且他们必须单独生存，不能联手合作，更不能给人打工。

第一个人非常聪明，他用500日元买了一副墨镜，用剩下的钱买了一把二手吉他，来到广岛最繁华的地段——新干线售票大厅外的广场上，扮起了“盲人卖艺”。半天时间，他的大琴盒里已经是满满的钞票了。

第二个人也非常聪明，他花500日元做了一个大箱子，放在最繁华的广场上，箱子上写着：“将核武器赶出地球——纪念广岛灾难50周年暨为加快广岛建设大募捐。”然后，他用剩下的钱雇了两个中学生做现场宣传表演，不到中午，他的大募捐箱就满了。

第三个人是个没头脑的家伙，他找了个小餐馆，一杯清酒、一份生鱼、一碗米饭，好好地吃了一顿，一下子就消费了1500日元。然后，钻进一辆被废弃的丰田汽车里美美地睡了一觉……

第一个人和第二个人的“生意”都异常红火，一天下来，他们对自己收入都暗自窃喜。可是傍晚时分，厄运却降临到他们头上，一个佩戴胸卡和袖标、腰带手枪的城市稽查人员出现在广场上。稽查人员摘掉了“盲人”的眼镜，摔碎了“盲人”的吉他，撕破了募捐人的箱子并赶走了雇用的学生，没收了他们的“财产”，收缴了他们的身份证，还扬言要以诈骗罪起诉他们……

当这两个人想方设法借了点路费、狼狈不堪地返回索尼公司时，已经比规定时间晚了一天。更让他们脸红的是，那个稽查人员已在公司恭候！原来，他就是那个在饭馆里吃饭、在汽车里睡觉的第三个人，他的投资是：用250日元做了一个袖标、一枚胸卡，花250日元从一个拾垃圾老人那买了一把旧玩具手枪和一脸化装的胡子，剩下的1500日元则吃了顿饭。

这时，索尼公司国际市场营销部总课长走出来，一本正经地对怔怔发呆的“盲人”和“募捐人”说：“企业要生存发展，要获取丰厚的利润，仅仅会吃市场是不行的，最重要的是懂得怎样吃掉市场的人。”

在充满竞争的社会，你必须有能力战胜别人，否则就会被别人“吃掉”。上述案例中三个人解决问题的具体途径是不应肯定的，但是他们遇到困难，勤于动脑去解决问题的特质是可取的。在创富的过程中，缺少的不是条件，而是发现问题的慧眼！

孔子曾说：“君子之于天下也，无适也，无莫也，义之与比。”意思是说，君子对于天下的万事万物，并没有规定怎么样处理好，也没有规定怎么样处理不好，必须根据实际情况，只要合理恰当就好。只有灵活做事，才会取得事半功倍的效果。

生活篇

你不理财，财不理你

第十二章
理财比生财更重要

一个人一生能积累多少钱，不是取决于他能够赚多少钱，而是取决于他如何投资理财，人找钱不如钱找钱，要知道让钱为你工作，而不是你为钱工作。

——［美］沃伦·巴菲特

理财要从记账开始

调查显示，84%的富人都是从储蓄和省钱开始积累第一桶金的；70%的富翁虽然每周会工作55个小时，但依旧会抽出固定的时间进行理财规划。记账是一种看似琐碎，却对理财大有益处的好习惯，能帮助我们省下很多不必要的开销。

如今，工薪族大多数都挣着死工资，没有什么额外的收入，压力比较大，通常没什么时间进行记账。但是，在理财的过程中，记账是十分重要的。要想理财，必须要先了解自己的支出情况以及家庭基本的经济状况。如此，不仅可以抑制不合理的消费习惯，还能够定期储蓄，为投资做准备。

想要更好地规划个人及家庭财务，就一定要挤出时间，尽早培养理财习惯。在具体的操作上，每个人都可以有适合自己的一套理财方法，最易上手的理财第一步就是——记账。

有人说，记账太麻烦，花心思、花时间去记录已往的开支似乎不太值得，还不如把精力放在经济开源上。但是，你真的不需要记账吗？

“交了取暖费，没生活费了，接下来的日子要怎么过啊……”李梅对同学抱怨：“我每个月的生活费都不够花，不知道自己的钱都花到什么地方去了，想规划一下自己的开支。”

李梅是山西人，大学毕业后到太原打工。由于家庭贫困，李梅毕业后的工作并没有得到家庭的任何资助，靠着自己的努力，从月收入1200元提高到现在的2500元。

李梅算了一笔账，房租每月500元，水费和卫生费每月20元，电费每月约50元。除这些固定支出外，其余便是李梅的日常开支费用了，吃饭、交通等。虽然工资不高，但李梅并不小气，偶尔也会请朋友吃个200元左右的饭，在她看来，自己才26岁，不应该丢掉气质，所以买衣服也是她每个季节相对较大的开支之一。

11月1日，李梅早在自动取款机上查看了自己的银行卡，余额只有300元，而这笔钱还要维持到11月15日发工资。

其实，对于李梅的这种情况，就要控制好支出，做好记账。李梅花钱是盲目的，不懂记账，钱少了多了自然比较模糊。要想合理安排自己的钱财，首先就要先学会建立相应的理财账户，也就是说要有一个记账的习惯，有一个账本。

记账是理财的第一步，通过记账不仅可以让我们随时了解自己有多少可用资金，还能够清楚地知道自己的每一笔收支，从而做出合理的安排，有计划有规划地去使用它。

通常情况下，人们最常采用的记账方式是流水账，按照时间、花费、项目逐一记录。记账需要好的记账工具，不管是Excel（微软公司的一种办公软件），还是各种单机版的理财软件，都可以实现记账的功能。

有些朋友会说不想记，记了看得心里直发毛，其实这是种心理逃避。不去记账，钱花得不明不白，只看到口袋里的钱一天比一天少，甚至会停留在“月光族”阶段。

记账是一种看似琐碎，却对理财大有益处的好习惯，能帮助我们省下很多不必要的开销。

“生活的富裕指数，95%由你对于财富的态度决定”。根据美国学者托马斯·史丹利对近万名百万富翁进行的调查，84%的富人都是从储蓄和省钱开始积累第一桶金的；70%的富翁虽然每周会工作55个小时，但依旧会抽出固定的时间进行理财规划。

1. 逼迫自己要坚持

记账看似很简单的事情，为什么很多人都做不到呢？因为，不坚持！为什么坚持不下了？因为在记账中总会遇到的“拦路虎”：a. 搞不懂记账软件怎么用；b. 对金钱没概念，花多少完全不关心，坚持不下去；c. 花一笔、记一笔好麻烦，还会被朋友笑，晚上回家再记，早已忘了；d. 记到后来就会觉得花了太多钱，越记账越罪恶。

看看自己有没有中枪！其实，坚持不下来的根本原因是：你一直在记流水账。只记数字不会管钱，记账有什么用！

2. 记账的目标是——助你理财

不同于家庭理财，单身人士的财务状况还是相对简单的。在树立记账信心之后，就要来改变自己的记账习惯了。

（1）从账目解读自己的消费习惯。比如：“买牛奶一箱，花60元”，这个就是记流水账。其实，你应该做的是，先参考上次买牛奶的时间，分析一下自己消灭一箱牛奶的周期和量，看看有没有过期造成浪费或者有几天“断奶”了造成青黄不接，通过了解来规划购买。

如果所有的日常消费项目都这么管理，每月初你就可以安排资金的顺序了，比如：月末才要付款的项目可以先拿来买个货币基金，赚几天利息，等到要用的时候再拿出来，最大限度发挥每一分钱的作用。

（2）学会科学地“禁欲”。枯燥的阿拉伯数字对你并没有用，有用的是可以从账目的数字中了解自己的财富的“来龙去脉”。一旦把自己的钱全部量化出来，跃然于纸上，潜意识就会在源头上控制虚荣消费。因为，这些数字会让你知道，何时可以存到多少钱？何时可以把贷款还清？何时能够攒够自己愿望清单的花销？于是，你就会有意识地避免不必要的花费，比如：用十分钟脚程代替打车起步价等。这时候，对于你来说，节约也不再是之前的痛苦和无意义，而是成了一项为目标而奋斗的努力，每一笔节约下来的不必要开支，都会成为你生活中的“小确幸”。

（3）当记账成习惯后，要定期分析。如果已经养成了记账习惯，你已经迈出了成功的一大步！接下来，要定期分析你的账目，比如，从日常账目来做一个月度总结，再根据月度总结归纳一个年度汇总，以此为根据，对来年的个人理财制订一个小目标。

曾子有言：“吾日三省吾身”，我们也应当定时分析自己的账目，根据自己收支情况的大数据，做出对自己当前财务状况的最佳选择。

做好资产负债表摸清家底

每个人都可以根据自己的需要，制定出符合自己特点的资产负债表。制定出后，要认真分析它，看看你这段时期的负债总值是多少，分析负债的原因，哪些是积极的负债；结合资产栏，分析一下你的还款能力是否强。

资产负债表要能够准确地反映出个人或家庭在特定时间段所拥有的资产及其分布状况，要把家庭或个人的资产情况分类出来，比如：实物资金、流动资金、保险资金等，它们各有多少，以及占多大的比重等信息都可以一览无余。

在负债方面，通过资产负债表，不仅能够看清这段时间内我们对外所承担的债务，还可以发现这些债务哪些是近期应该付清的、哪些是可以暂时不用管的？……所有的这些，都要做到心中有数。有以下两个例子。

案例一：李海账户上突然多了一笔6位数的奖金，他兴冲冲跑到恒隆广场，给女朋友购买了一个富婆经常用的提包。所以，李海总会在某一个阶段觉得自己很有钱，又会在下一个阶段因为没钞票了而隐身。年底香港血拼购物，李海一旦有钱，就会毫不犹豫地把钱花掉。

案例二：赵挺是个有为青年，刚好30岁，在一家汽车公司担任品牌经理。对于自己的财务，他有着自己的规划，每一笔支出都有记录。通过这些表格，可以清楚地了解他的资产负债情况。

谈到资产负债表，很多人都认为，这是属于企业经济管理范畴的，而对于只关注个人家庭经济状况的你而言，这是没有什么意义的，但其实，企业的资产负债表和个人资产的负债表有异曲同工之妙：企业是依据它的资产负债表从而制定正确的经济策略的，而家庭或个人则也能够依据资产负债表制订合适的理财计划。

对于个人或家庭而言，资产负债表是表示个人或家庭在一定时期内财务状况的表格，从这个表中，可以清楚地掌握自己的净资产、自己的债务、自己的消费状况等。具体讲，资产负债表的内容包括资产和负债两个方面。如果按资产的流动性分，资产包括固定资产和流动资产两类。

其中，固定资产指实物类资产，例如：房子、汽车、家具、生活用品、储金等。还可以分成投资类固定资产、消费类固定资产两类，像房子、黄金等可有收益的实物为前者即投资类固定资产，而汽车、家具等生活用品属于后者即消费类固定资产。

流动资产则指，参与货币流通的资产，例如：现金、股票、基金、债券等。按资产的属性分类，资产包括金融资产、实物资产、无形资产三类。其中，金融资产又包括流动性资产和投资性资产。实物资产则是我们拥有的实物，比如：房子、汽车等。无形资产则表示为专利权、著作权、品牌形象价值等。

那么，个人或家庭的负债是什么呢？负债就是指，个体欠外界的所有债务，例如银行贷款、透支账单等。负债可以根据到期时间的长短分为短期负债和长期负债，区分的标准有长有短，有的以月为单位，有的则以年为单位，此外还可以按照内容来分，如贷款、债务、税务、透支款等。

每个人都可以根据自己的需要，制定出符合自己特点的资产负债表。制定出后，要认真分析它，看看你这段时期的负债总值是多少，分析负债的原因，哪些是积极的负债；结合资产栏，分析一下你的还款能力是否强；用每月收入数额去除每月应还款数额，得出的结果便是信贷还款比率，如果你的还款比例与阈值相减为负，说明你的负债已经过了健康线，如果过了就应该注意你的消费金额了。

1. 不要高估了自己

如果你正在进行创业，或者有自己的公司，最好把自己的资产估价更保守一点。比如，收藏爱好，古币能变现的价格比别人说的价格要低；汽车，如果你的车在两年前买的时候花了 20 万元，估值时就直接先打个 5 折吧。

2. 你的现金应变能力怎么样

你能抵抗多久的失业？你刚合伙开创了公司，很快就看到一个位置不错的商铺，你还能继续投资么？

这个比例，称为流动比率（货币资产/流动负债）。如果你的货币资产是 2.5 万元，流动负债（当前债务与信用卡债务）有 9000 元，流动比率就是 2.8。对于企业来说，这个数字应该是安全的，但是对于个人财务却有更高的要求，这主要是因为企业的信用能力比个人更强。

对于个人来说，这个数字安全边际在 3，更保守一点应该大于 6，也就是说，如果一个职场人失去工作，货币资产可以支持 6 个月的正常生活。

3. 你破产了吗

如果自己资产负债表上的负债率（总负债/总资产），比值大于1，就是破产。但这个指标是否亮起红灯也看具体情况：如果你的现金获得能力很强，住的房屋价格急速下滑，那么破产红灯并不一定可怕；但如果你的债务都是消费或其他杠杆造成的，负债率大于1，就是一件可怕的事了。这时候，不仅要理智处理好账务问题，还需改变自己的消费习惯。

4. 别忘了存点钱

存钱是必要的。不过，如果你的活期转定期比率在不断增加，不仅说明你的消费在减少，挣钱增加，或者投资收益率在提升；也很有可能说明，这些问题并不是你个人的工作能力或者投资能力造成的，很可能你正处于一个通货膨胀的过程中。

建立一份个人资产档案

要根据自身具体情况，建立一套个人资产档案，发挥出它最大的功效。首先就要了解个人资产情况，也就是要通过个人资产分析，来弄清楚自己的资产情况。

个人理财不可盲目进行，也没有万能的公式可以套用。要根据自身具体情况，建立一套个人资产档案，发挥出它最大的功效。首先就要了解个人资产情况，也就是要通过个人资产分析，来弄清楚自己的资产情况。这里，我们就给大家介绍一下个人资产分析的方法。或许过程会有些枯燥，但是相信学会此技巧，会对你的理财大有裨益。

1. 怎么计算个人资产

个人资产分析就是弄清楚自己或家庭的资产状况，可参考以下公式：

个人净资产＝个人资产总值－个人负债总值

个人资产总值＝流动性资产＋投资性资产＋使用性资产

个人负债总值＝短期负债＋长期负债

如果对上面提到的名词有些不明所以，没关系，下面我们简单介绍。

流动性资产是指现金、活期储蓄、短期票据等能及时流通使用、兑现的货币或票据。

投资性资产是指长期储蓄、保险金、股票、债券、基金、期货等以保值、增值为目的的投资性货币或票据。

使用性资产是指住宅、家具、交通工具、书籍、衣物、食品等以使用为目的的各类物品。

短期负债是指，一年内应偿还的债务。

长期负债一年以上偿还的债务。

个人资产负债率是指个人负债总值除以个人资产总值乘以100%

2. 如何把握个人资产负债率

（1）根据自己的收入水平，当收入与负债比超过一定范围时，应该适当减少一些个人债务，以免造成债务压力。

（2）根据债务的偿还期限、偿还能力，尽量将自己的债务长中短相错，避免将还债期集中在一起，到时自己无能力偿还。

（3）根据债务的用途、收益，高风险投入的债务以少为好，有稳定收益的可以多借些，没有收益、是消费性借债以长期为好。

第十三章
做份富足一生的理财计划

始终遵守你自己的投资计划的规则，这将加强良好的自我控制！

——［美］伯妮斯·科恩

为自己设定恰当的理财目标

只有确立了理财目标，才能围绕目标制订切实可行的理财计划，并且按部就班地去实行，最终达成这个目标。如果目标不明确，理财就只能跟着感觉走，而达不到任何效果了。

目标是人们行为的方向和动力，个人金融理财就是个人设定和达到期望财务目标的过程。在充分了解个人和家庭各方面的情况之后，就应该为个人和家庭设订一个科学合理的理财目标，而且这个理财目标应该是用具体数字来量化的。

由于个人和家庭想追求的生活不同、所处的情况也是不同的，因此个人和家庭应该根据不同的实际情况来设定具有自身特色的理财目标。

理财一定要先有目标，有了目标，才有理财动力。你的理财目标是什么？一栋房子、一辆车子，还是100万元呢？100万元不算多，可是人们都说，第一个100万元比200万元还要难存。第一个100万元是通往未来的财富基石。

在创富的过程中，制定一个尽可能精确的理财目标是非常必要和关键的。道理很简单！只有确立了理财目标，才能围绕目标制订切实可行的理财计划，并且按部就班地去实行，最终达成这个目标。如果目标不明确，理财就只能跟着感觉走，而达不到任何效果了。

理财的第一个步骤就是确定理财的目标，不管做任何事，成功的标志都是目标的完成，理财同样也是有一定的目标性。那么要如何来制订目标、设定目标呢？

1. 了解不同类型的理财目标

在理财方面，目标也是分为很多种，最简单最明了的理财目标就是财富的保值、财富的增值。而在具体的理财产品中，不同的理财产品、不同的理财工具，所具有的理财收益大小也不同。也就是说，具体可以有哪些理财目标，需要设定好未来的收入的定额。

2. 设置可行的理财目标

理财的目标有很多，可以是概括性的理财收获，也可以是具体的某一值。在设定理财目标的时候，需要做好可行性的理财目标设定。所谓可行性的理财目标，是要个根据自身现有的财富，以及可以投资的理财产品方面。

3. 确定理目标的时间

做投资理财在目标的设定方面，除了具体的值之外，还需要设定好实现目标完成的时间，也就是理财的期限方面。一般做理财，都会分为短、中、长周期，周期的长短也关系到理财资金的流动性。

在不同人生阶段做好理财规划

> 不同的年龄阶段，理财规划都是不同的，对各个不同的发展时期，要做出不同的理财规划。

有位长辈曾对我说过，人生到哪个阶段就要做哪个阶段的事。我觉得很有道理，投资理财也是这样！青年、中年、老年理财就有很多不一样的地方。在人生的不同阶段，投资理财要有不同的目标和侧重点。

1. 青年理财

刚刚进入社会时，我们的收入和积蓄通常都不多，即使获得高额收益，也赚不了多少钱。这时候，完全可以把提升自己价值当作理财的第一目标，从长期看，投资于自己是最好的理财方法。此时财富投资是次要的，如果有 20 万 ~30 万元的本金，买房子不够，炒股票也不能保证赚钱，还不如去留学或读个 MBA（工商管理硕士）。

年轻时应该多走些地方，多结交志同道合的朋友，多向能够帮助自己的贵人请教，争取找到一份好工作并有所发展，早日走上管理岗位，寻求更大人生舞台，这是最大的理财。远远好过闷在电脑前学行情，或钻研一些理财小技巧。这个阶段的年轻人，最好不要买房，否则会给自己套上过于沉重的财务负担，可能会极大影响你的事业发展。

当你的事业开始有起色，组建家庭之后，就要开始投资了。此时收入开始增加，面临买房养孩子等现实问题，这是人生的第一个开支高峰。只要工作有保障，此时的投资可以做得相对激进些。即使亏完了，也有机会挣回来。但此时投资经验较少，自信心爆棚，容易冲动投资，所以在进行任何决策前需仔细考虑。另外，组建家庭意味着对他人的更多责任，以前从不买保险的人，此时需要考虑保险了。这个阶段买保险，是成本相对较低的。

2. 中年理财

这是人生最辉煌的时期，事业处于一生的顶峰，收入也最多；同时，中年的后期也会迎来人生的第二个开支高峰，子女高等教育和成家等问题迎面而来。中年人理财的最大特点是要有双重目的：一是增值，二是为自己养老做准备。

对增值部分的投资，中年人仍可以选择些股票基金、结构型理财产品等激进品种。同时，由于知识和人脉的积累，有兴趣和条件的人可以尝试些另类投资，比如收藏品、PE（Private Eauity 和募股权投资）等。这些另类投资需要的期限较长，有的需要等 5 ~ 10 年，但收益往往不错。

同时，因为需要面对家庭责任和养老问题，所以中年人已经不能把全部身家都压在股票类高风险资产上了。中年人遇到的家庭问题最多，上有老，下有小，自己也将进入老年。此时除了买保险之外，每年需要留部分资产，放在平稳安全的品种上，以备家庭大额开支，例如：债券投资、房产投资、基金定投和黄金。

中年投资的最大特点是要“两手抓，两手都要硬”，一部分激进，一部分保守。两者缺一不可，偏重前者容易对老年生活造成影响，偏重后者会失去资产增值的机会。

3. 老年理财

老年人理财的时候，要控制风险，应该投资于稳健保守的品种，如债券，或收益相对固定的理财产品。对经济能力宽裕的人，买房获取稳定租金也是个可取的办法；同时，要降低投资证券市场的资产比率，因为一旦遇到下跌，老年人可能没那么多时间能等到市场回升。

老年人理财要注意三个问题。

（1）少炒股票。老人心事重，拿多年积蓄的养老金炒股，碰到一个跌停板，就会是负担，而且长时间盯盘也容易影响健康。很多老人离不开股市，原因之一是把股市当作社交和消除寂寞的场所，如果这样的话也可以，但适当投入参与即可，不能把大部分家当都放进股市。建议，75 岁以上的老人完全不炒股，65 岁以上老人减少炒股。

（2）避免上当。年轻时没机会接触学习经济金融知识，很多老年人，在这方面的知识和信息都处于劣势，在一些不良机构的欺骗误导下，容易上当受骗。

老年人总是更容易相信别人，很多金融产品的说明书越来越细密，可是老人却没时间深入研究，理财师怎么推荐就怎么相信。所以，老人投资需要多花些时间挑选产品和考察理财师，更要记得的是：天上不会掉馅饼！

（3）懂得花钱。有个笑话，说一个美国老太临终前说：我终于把银行的房贷全还清了，而一个中国老太临终前说：我终于存了足够的钱，一次性买得起房子了。

国外甚至有老年人算好时日，把房子抵押给银行，用所得贷款消费养老，过着很舒适的生活，等离开世界时把房子留给银行，两不相欠。

我国的情况比较特殊，社保体系、东方式的家庭责任让中国老人很辛苦，不敢消费。其实中国老人也应该想得开，花点钱，颐养天年。

建立完整的理财方案

家庭理财需要考虑的因素较为复杂，合理的配置资产最重要，不仅可以通过不同投资工具规避风险，也能在稳健的基础上寻找到更有效率的增值。

有这样一个案例。

周先生1981年出生，26岁时，从事广告传播行业设计工作已有四年了。他的税后月薪为8500元，每月补助为500元，共9000元。此外，年终收入10000元。现有存款共15万元，没有负债，也没有任何固定资产。2015年股市大涨期间，他投入3万元购进股票，现值估算约为5万元，他的资产净值共为20万元。

周先生单身，没有任何家庭负担，父母均未退休，暂时不需赡养。周先生打算近期购进一辆10万元以内汽车改善出行质量，同时依据实际承受能力准备在三年后买套住房。

这种情况如何理财啊？

理财目标相关投资组合的风险承受能力与理财目标达成的期限相关。

达成期限越长，相应投资的风险承受能力越高，达成期限越短，相应投资的风险承受能力越低。周先生较年轻，工作稳定，预期未来收入丰厚，客观上说风险承受能力较强。

目前，他每月的房租支出为1200元，基本生活开支1800元，通信费200元，支出合计3200。鉴于每月工资有9000元，每月可支配的收入为5800元。结合周先生现在的财务状况和理财目标，建议：汽车为消费品，从买来那天开始就不断贬值了，因此开始的时候可以选择价位较低的汽车；现资产配置中暂无固定资产，可以考虑购房投资；累积的20万元资金可以做更激进一点的投资。

具体来说，可以这样做以下财务规划。

1. 财务安全规划

财产的安全保障是理财的第一步。周先生除了每月交纳公司的社会保险外，暂无其他的商业保险，应先做好财产的安全保障，这样可更安心地进行投资。可以适当增加一定的商业保险，每年交纳500元左右保险费，参加保险额度为50万元的意外险，以及交纳4000元左右保险费，参加保险额度为20万元的重大疾病险。

2. 应急备用金规划

应急备用金用来保障在发生意外时的不时之需。一般为3~6个月日常支出，现在工作竞争压力增大，可以预留6个月的支出2万元做备用金。由于备用金的灵活性及使用时间的不确定性，可以投资货币型基金产品。

3. 购车规划

依据周先生现有资金情况及投资的收益，目前的净资产已达到20万元，已有能力全款购车，可以通过分期付款的方式来实现，以此来减轻资金压力并增强资金的流动性。

4. 购房规划

假设周先生的收入年均增长率为15%，投资收益率是15%，三年后的购房价格上涨至12000元/平方米。那么，依据周先生现有的收入情况及需求，月供最好不要超过月收入13700元（预三年后月收入）的40%（5480元）。因此，可以考虑房屋面积为60平方米，均价1.2万元，总价72万元的小户型楼房，并且选择30年等额贷款，降低还款压力。由此可以算出，周先生需一次性交纳首付14.4万元，此后三十年每月还款3880元。

由于周先生的预期购房时间为三年后，因此将现有资产20万元，预留2万现金备用及付汽车首期款3.6万元后，剩余的14.4万元可用来投资。依据周先生的高抗风险能力，可以投资基金组合为50%股票型、40%混合型、10%债券型。假设年均回报率为15%，三年后投资收益为21.9006万元，交首付14.4万元后，剩余7.5006万元可用来装修。此外，每月的收入可选择定期定投，为结婚及将来养老做准备。

那么，如果已经建立了家庭，该如何为自己的家庭设立一个理财规划方案呢？

家庭理财需要考虑的因素是较为复杂，合理的配置资产最重要，不仅可以通过不同投资工具的对冲作用规避风险，也能在稳健的基础上寻找到更有效率的增值。下面，我们就介绍一种最健康的个人资产配置模式。

第一个账户是日常开销账户，即要花的钱，或者说应急资金。日常生活，买衣服、美容、旅游等都应该从这个账户中支出一般占家庭资产的10%，为家庭3~6个月的生活费。一般放在活期储蓄的银行卡中。这个账户保障家庭的短期开销，比如，衣食住行。

第二个账户是保障账户，也就是保命的钱。一般占家庭资产的20%。专门解决突发的大额开支，为将来的不确定性做好储备。这个账户保障突发的大额开销，一定要专款专用，保障在家庭成员出现意外事故、重大疾病时，有足够的钱来承担。更重要的是确保整个家庭的生活质量不会因为这种突如其来的大额支出而受影响。

第三个账户是投资收益账户，也就是“生钱”的钱。一般占家庭资产的30%，为家庭创造收益。如今，物价上涨的速度已经无下限！而且，即使人民币升值的时候依然还是对内贬值的，所以一味存钱只会使钱越存越不值钱，将来的生活质量就得不到维持。因此，运用合理的投资工具让家庭资产增值也就变得必不可少了！这里说的投资包括股票、基金、房产、企业等。

第四个账户是长期收益账户，也就是保本升值的钱。一般占家庭资产的40%，是为保障家庭成员的养老金、子女教育金、留给子女的钱等一定要用，并需要提前准备的钱。这个账户是保本升值的钱，所以收益不一定非常高，但却是长期稳定的。

要点：

(1) 每年或每月有固定的钱进入这个账户，积少成多，不然就随手花掉了；

(2) 要受法律保护，要和企业资产相隔离，不用于抵债；

(3) 常用的方式：全球基金定投、储蓄分红型保险、家庭信托等。

这四个账户就像桌子的四条腿，少了任何一个就随时有倒下的危险，所以一定要及时准备。如果发现自己没有钱准备保命的钱或者养老的钱，就说明家庭资产配置是不平衡的、不科学的。这个时候就要好好想一想：是不是自己的钱花得太多了？消耗钱的速度大于赚钱的速度？或者是，你将自己的资产过多地投入了股市、投入了房产？

第十四章
投资会让你的财富滚起来

始终遵守你自己的投资计划的规则，这将加强良好的自我控制！

——［英］伯妮斯·科恩

股票投资要选择一只成长股

成长股，在没被市场认可时，价格通常都较低；而被认可后，股价就会出现大幅度地涨升。准确选择一只成长股并能够掌握好的买卖点，会给投资者带来丰厚的收益，所以如何选择成长股也就成了最为关键的问题。

2015年3月25日据香港《大公报》报道：

花旗银行调查发现，香港“千万富翁”若要在58岁退休后仍享受现时的生活水平，每月开支高达7万元（港元，下同），养老金总额估计需2000多万元。不过，“千万富翁”在退休后的稳定收入来源，40%的人单靠强积金或公积金，完全无购入保险、基金、定期储蓄计划等。调查亦发现，富翁大多倾向分散投资，最喜爱购买股票、外币产品。

调查亦发现，“千万富翁”深知“鸡蛋不放在同一篮子中”的道理，他们平均购买四个投资产品，当中股票最受欢迎，有96%的富豪的投资组合包括股票。富豪普遍对货币兴趣浓厚，80%“千万富翁”购买人民币产品，70%购买其他外币产品。其余互惠基金、债券等产品亦颇受青睐。

在大牛市的环境下，大家都知道投资股市的好处，但并非人人都能赚到钱，原因就在于缺少正确的股市投资理念。那么，如何在极短的时间内树立正确的投资理念呢？办法只有一个，就是向国际投资大师学习，学习他们成功的投资理念。

成长股，在没被市场认可时，价格通常都较低；而被认可后，股价就会出现大幅度地涨升。准确选择一只成长股并能够掌握好的买卖点，会给投资者带来丰厚的收益，所以如何选择成长股也就成了最为关键的问题。

所谓成长股指的是，目前业绩虽然不是很好，甚至只有微利，但正处于迅速发展中的股票。其特点是，企业所处行业比较独特，产品市场占有率高，甚至处于垄断地位，企业潜力还没有充分发挥出来。投资成长股的时候，要注意15个要点：

（1）这家公司的产品或服务有没有充分的市场潜力，至少几年内营业额能大幅成长？

（2）为了进一步提高总体销售水平，发现新的产品增长点，管理层是不是决心继续开发新产品或新工艺？

（3）和公司的规模相比，这家公司的研究发展努力有多大的效果？

（4）这家公司有没有高人一等的销售组织？

（5）这家公司的利润率高不高？

（6）这家公司做了什么事，以维持或改善利润率？

（7）这家公司的劳资和人事关系是不是很好？

（8）这家公司的高级主管关系很好吗？

（9）公司管理阶层的深度够吗？

（10）这家公司的成本分析和会计记录做得如何？

（11）是不是在所处领域有独到之处？它可以为投资者提供重要线索，以了解此公司相对于竞争者，是不是很突出？

（12）这家公司有没有短期或长期的盈余展望？

（13）在可预见的将来，这家公司是否会大量发行股票，获取足够的资金，以利公司发展，现有持股人的利益是否因预期中的成长而大幅受损？

（14）管理阶层是不是只向投资人报喜不报忧？诸事顺畅时口沫横飞，有问题或叫人失望的事情发生时，则“三缄其口”？

（15）这家公司管理阶层的诚信正直态度是否毋庸置疑？

最稳妥的方式——债券投资

债券被是稳健投资的选择，在债券投资的具体操作中，投资者应考虑影响债券收益的各种因素，在债券种类、债券期限、债券收益率（不同券种）和投资组合方面作出适合自己的选择。

我国富裕人士年龄多大？他们喜欢做什么投资？投资时承受风险的能力有多大？未来他们对哪些投资比较有兴趣？……调查显示：中国内地的富裕人士在所有受访的亚洲国家和地区中最为年轻，同时他们拥有的流动资产在受访的亚洲新兴市场中居首。

当被问及未来将尝试哪些投资时，内地富裕人士对债券表示出兴趣，愿意首次尝试、或增加债券投资的人在受访市场中最多——有 14% 的内地受访人士表示将涉足债券，另有 8% 的人士表示会继续增加债券投资。

债券被认为是稳健投资的选择，在债券投资的具体操作中，投资者应考虑影响债券收益的各种因素，在债券种类、债券期限、债券收益率（不同券种）和投资组合方面作出适合自己的选择。根据投资目的的不同，个人投资者的债券投资方法可采取以下三种类型。

1. 完全消极投资

采用这种投资方式，投资者购买债券的目的是获取较稳定的利息收益。这类投资者往往不是没有时间对债券投资进行分析和关注，就是对债券和市场基本没有认识，其投资方法就是购买一定的债券，并一直持有到期，获得定期支付的利息收入。

适合这类投资者投资的债券有：凭证式国债、记账式国债和资信较好的企业债。如果资金不是非常充裕，最好购买容易变现的记账式国债和在交易所上市交易的企业债。这种投资方法风险较小，收益率波动性较小。

2. 完全主动投资

采用这种投资方式，投资者投资债券的目的是获取市场波动所引起价格波动带来的收益。这类投资者对债券和市场有着较深的认识，属于比较专业的投资者，对市场和债券走势有较强的预测能力，其投资方法是：在对市场和债券作出判断和预测后，采取“低买高卖”的手法进行债券买卖。

如果预期未来债券价格上涨，则买入债券等到价格上涨后卖出；如预期未来债券价格下跌，则将手中持有的该债券出售，并在价格下跌时再购入债券。这种债券投资收益效率较高，但也面临较高的波动性风险。

3. 部分主动投资

采用这种投资方式，投资者购买债券的目的主要是获取利息，但同时把握价格波动的机会获取收益。这类投资者对债券和市场有一定的认识，但对债券市场关注和分析的时间有限，其投资方法就是买入债券，并在债券价格上涨时将债券卖出获取差价收入；如债券价格没有上涨，则持有到期获取利息收入。

使用这种投资方法，债券投资的风险和预期收益要高于完全消极投资，但低于完全积极投资。

用黄金投资挽救缩水钱包

越来越多的人开始关注黄金投资，实物黄金首饰和金条的需求猛增。而金条属于投资性需求，会随着价格和金融市场的变化而变化，黄金依然是一个重要选择。

一直以来，贵金属投资都是人们资产配置中的重要一项，一旦出现政治、经济或者是社会的动乱，人们就会转向贵金属的投资，以此来确保资产的保值，甚至可以增值。在接下来的10～20年之中，可能会有更多的金融危机产生，每一个人都要想一想，通过怎样的投资方法，才能够在金融危机的时候真正保持住自己的资产。

如今，随着经济和金融业的发展，黄金逐渐成为金融投资的重要工具，成为与房地产、国债、银行金融工具等一样重要的投资工具。越来越多的人开始关注黄金投资，实物黄金首饰和金条的需求猛增。而金条属于投资性需求，会随着价格和金融市场的变化而变化，黄金依然是一个重要选择。但是在投资过程中，个人投资黄金不要把所有黄金都一直持有在手中，不然价格一下子下滑到低点，就亏大了。

1. 以“闲钱”投资

记住，用来投资的钱一定是“闲钱”，也就是一时之内没有迫切、准确用途的资金。如果以家庭生活的必需费用来投资，万一亏损，就会直接影响家庭生计。或者，用一笔不该用来投资的钱来生财时，心理上已处于下风，在决策时也无法保持客观、冷静的态度，在投资市场里失败的机会就会增加。

2. 知己者为上

知己知彼，百战不殆，但身在金市，首先就要了解自己，要了解自己的性格，因为容易冲动或情绪化倾向严重的人并不适合这项投资。成功的投资者，大多数能够控制自己的情绪且有严谨的纪律性，能够有效地约束自己。所以说，知己者，方可在金市最终胜出。

3. 正视市场，摒弃幻想

市场是真实的，不要感情用事，过分憧憬将来和缅怀过去。一个充满幻想、感情丰富的人是一个美好快乐的人，但他并不适合做投资者，一位成功的投资者是可以把感情、幻想和交易分开的。

4. “小户”切勿盲目投资

成功的投资者不会盲目跟从别人的意见，当大家都处于同一投资位置，尤其是那些小投资者纷纷跟进时，成功的投资者会感到危险而改变路线。

盲从是“小户”投资者的一个致命的心理弱点。一个经济数据，一个表格，一则新闻突然闪出，5 分钟价位图一“突破”，便争先恐后地跳入市场。不怕大家一起亏钱，只怕大家都赚。有时看错市场走势，或进单后形势突然逆转，导致单子被套住，这是正常的现象，即使是高手也不能幸免。可是，在如何决策和进行事后处理时，最愚蠢的行为却都是源于“小户心理”。

5. 切勿过量交易

要成为成功的投资者，其中一项原则是随时保持拥有 2 ~ 3 倍于仓位的资金以应付价位的波动。假如你资金不充分，就应减少手上所持的仓位，否则，就可能因保证金不足而被迫平仓，纵然后来证明眼光准确亦无济于事。

6. 切勿轻率改变

如经充分考虑和分析，预先定下了当日入市的价位和计划，就不要因眼前价格涨落影响而轻易改变决定，基于当日价位的变化以及市场消息而临时作出的决定，除非是投资圣手灵机一闪，一般而言都是十分危险的。

7. 须当机立断

投资现货黄金市场时，导致失败的心理因素很多，一种常见的情形就是投资者面对损失越来越大，甚至知道已不能心存侥幸时，却往往因为犹豫不决，未能当机立断，因而越陷越深，损失增加。壮士断臂，当断则断。

8. 他人意见不实行

这里并非是提倡独断专行。须知道，投资者中只有你会为自己的投资结果负责任。当你已把握了市场的方向而有了基本的决定时，不要因别人的影响而轻易改变决定。有时别人的意见会显得很合理，因而促使你改变主意，可是事后才发现自己的决定才是最正确的。所以说，别人的意见永远只是参考，自己的意见才是买卖的决定。

房产投资怎样才能扩大收益

房地产个人投资是一种长期投资，应对自己投资的风险以及收益有着较全面的认识，做好思想准备，既要有赢利的打算，又要做好失败的准备。

如今，房地产个人投资作为一种正在日益发展的理财方式，正逐渐被越来越多的人接受。作为房地产个人投资者，应掌握相关的知识，并学会一定的技巧，从而对所投资的项目进行理性地分析，以达到投资目的，获取理想收益。

1. 了解房地产专业知识，考虑自身风险

房地产个人投资是一种专业性要求高的投资，因此在投资前，应对基本的专业知识了解清楚，比如，过去一段时期内房价的变化规律以及未来的变化趋势、产权知识、区位因素等，这些都有助于个人投资者在决策过程中避免盲目投资。

另外，因为房地产个人投资是一种长期投资，应对自己投资的风险以及收益有着较全面的认识，做好思想准备，既要有赢利的打算，又要做好失败的准备。

2. 掌握必要的投资策略

例如，何时买进就是关键的投资策略。这不仅关系到投资成本，也关系到房地产以后的增值空间。我觉得，最佳的购进策略为“逢低进场，长期持有”，这样可以以较低的价格进行投资，等待翻升的时机。

再比如，房地产地段选择策略。不论是房地产置业租赁投资，还是租赁与买卖混合投资，地段的选择至关重要。在对所选地段的现时优劣性进行判断时，个人可参考治安的良否、生活便利程度、公共设施的配置、文教休闲场所的设置及其附带的增值潜力等因素来做出决策。

3. 增加房地产个人投资渠道

为了个人资本更加合理、有效的投入到房地产市场，就要增加个人投资渠道。比如，房地产投资基金，与个人置业投资相比，一方面，克服了个人投资规模小、实力弱的不足，可以集中大量社会资金，加强规模效应，在投资品种和投资规模上可以有更多的选择；另一方面，拥有大量专业人员，可以对房地产市场的走势做出合理的分析、判断，从而更有效地规避风险，赢得投资收益。

第十五章

节俭，小钱也能变大钱

奢则妄取苟且，志气卑辱；一从俭约，则于人无求，于己无愧，是可以养气也。——［中］罗大经

小心避开消费的陷阱

很多商场在打折的时候都会推出各种各样的购物返券，比如：买100送30、送50等。很多消费者为了充分利用手中的返券，在购物期间就成为了“券奴”，在商场里疲于奔命，在花光了返券的同时又多花费了不少金钱，甚至买了一些自己生活中不需要的商品。

在日常生活中，人们会面临各种各样的消费陷阱，这些消费陷阱会吞噬我们的钱财。下面，我们就主要的消费陷阱进行列举和分析，希望大家加以警惕。

1. 商场打折销售陷阱

在过去逢年过节商场的商品才会打折出售，可是如今打折对商家来说已经成为家常便饭。有的商场甚至是月月打折、年年打折，消费者在获得打折实惠的同时，也会面临很多的打折陷阱。

（1）先涨后降。商家利用消费者喜欢购买打折商品的心理，在打折之前先把商品的价格涨上去，然后再打折。消费者实际付出的价款同打折前基本没什么区别，有时候甚至还要多付钱。

（2）打折商品概不退换。商家利用商品打折的机会出售一些滞销品、残次品，并且不予退换。

（3）购物返券。很多商场在打折的时候都会推出各种各样的购物返券，比如：买100送30、送50等。很多消费者为了充分利用手中的返券，在购物期间就成为了“券奴”，在商场里疲于奔命，在花光了返券的同时又多花费了不少金钱，甚至买了一些自己生活中不需要的商品。

（4）抽奖促销。商场中经常会搞抽奖的活动，但奖品却不是免费的。有一次，李女士带儿子去买儿童节的礼物，商场导购小姐说可以抽奖。抽到奖后却要李女士花90元购买一幅字画。当时，李女士果断拒绝了，因为那幅画对他们来说没有什么用。有些商场往往采用抽奖的办法促销，乘机搭配销售那些平常很难销售的东西。

（5）商场保留“最终解释权”。一旦消费者同商场发生了纠纷，商场怎么说怎么算，消费者的权益得不到保障。

（6）尾货甩卖。有一些商家在大的商场或酒店中以销售外贸服装尾货为名，实际上在销售假货。

2. 电视广告销售陷阱

如今，只要一打开电视机，电视上就会充斥着各种各样的广告。其中，大多数广告对所宣传产品的作用和功效都有夸大的成分，有一些广告商甚至会利用名人效应，宣传一些功效子虚乌有的商品。

2007年被中央电视台曝光的两个产品：一个是藏秘排油，一个是锅王胡师傅无烟锅。藏秘排油的广告语是“三盒抹平大肚子”，可是有些人在服用了该产品之后，不但没有减肥，体重反而增加了，而它的价格却很贵；锅王胡师傅的广告语是“炒菜无油烟，炒菜不粘锅”，结果使用起来既有油烟又粘锅，但它的售价却是普通锅的近10倍。

3. 邮购陷阱

很多家庭都收到过邮购商品的小广告。打开小广告，邮购商承诺用邮寄的方式销售许多物美价廉的商品，诸如：服装、玩具、电子产品等。邮购这种方式供需不见面，在市场邮购活动中，一些不法的经营者就会把邮购变成了欺诈消费者、谋求暴利的手段。具体地说，有以下几种欺诈方式。

（1）款到发货，实际拖而不办。消费者在把钱给邮购商汇过去之后，汇过去的钱有如石沉大海，迟迟收不到商品。

（2）虚假广告实为诈骗。在网上曾经出现过下面这样一个案例。

一则邮购广告上写着：本单位销售无毒、无味、无副作用的鼠药，每千克100元。有位农民想购买两公斤，钱汇给邮购商之后不久收到一封来信，信里面写着这样一句话："一间房子养一只猫，两间房子养三只猫。"

（3）质优价廉实为质劣价高。有些邮购商给消费者发的货同邮购广告上写的完全不同，他们邮寄出一些质量非常低劣的产品，比如：以玩具照相机冒充照相机，以无法听的"随身听"冒充随身听。如果你要求维修，他回答"可以，但要再支付邮寄费"。结果，你购买的邮购产品比名牌产品还要贵。

4. 网络销售陷阱

随着互联网的迅速发展，很多商家都利用互联网销售产品，一些不法之徒乘机利用互联网行骗。2007年4月16日，在《北京晚报》上出现了下面一则消息。

2007年4月15日，奥运会的门票正式开始销售，可是，在此之前，冒牌的第29届奥林匹克奥运门票"官方票务网站"已经"正式上线”，设计陷阱骗人钱财。政府有关部门及时发现，将该网站查封了。

5. 讲座促销陷阱

很多老年人都接到过热情的电话邀请，被邀请去参加免费的医疗讲座和免费体检。主办方的目的是向老人们推销质次价高的保健品，以下是他们惯用的招数。

招数一：热情电话打上门。

招数二：请“知名专家”上台讲课，这些“专家”大多是一些江湖“专家”。

招数三：恐吓攻心战。来到现场听讲座的基本上都是老年人，在讲座过程中经常播出一些关于老年人生病的非常夸张的录像，对老年人进行恐吓，让老年人产生恐惧心理。

招数四：当场免费体检、看病。讲座后，这些“专家”就会当场为老年人免费做体检。体检的项目非常多，每个人都会被查出有各种各样的疾病，“专家”当场就会为“病人”开出大剂量的药方，药方上的“药品”就是刚才“专家”介绍的保健品。

招数五：送货上门、登门取款。老年人在决定购买“专家”推荐的产品之后，兜里却没有带那么多钱，主办方就会派人送货上门，热情地跟随老人回家取钱。

6. 数码产品销售陷阱

如果你想买电脑、摄像机、手机，一般都会选择某个电子产品大卖场。在购买这些电子产品时，可能会面临以下的销售陷阱。

（1）“转型”销售。所谓的“转型”销售是指，销售员以“实际效果很差”或者缺货为由，让不明内情的消费者放弃自己原来看好的机型，转而购买那些价格更高、利润更高或者滞销的产品。

（2）水货与翻新二手货当新品卖。有些电子产品经销商以超低价格推出，但又不敢开发票，或者提供假发票。不言而喻，这款产品大都是水货或者是翻新二手货。因此，在购买电子产品时，一定不能图便宜。

（3）配件陷阱。为了吸引顾客，很多销售商把产品的价格报得很低，甚至低于进货价。但是哪个商家愿意做赔本买卖呢？猫腻就藏在搭售配件上。比如，买数码摄像机，一般要配存储卡、第二块电池，以及原装包之类的产品配件，这些高价配件就是经销商的赢利点。

7. 教育消费陷阱

陷阱一：名校分校陷阱。

很多普通中学为了便于招生，往往同某些名校“联姻”，打着名校的分校招牌。家长慕名而来，殊不知名校和名校的分校之间并无实质的联系，只是借用名校名称罢了。

陷阱二：高校招生陷阱。

近年来，在高校招生录取期间，一些招生中介诈骗活动猖獗，他们主要的招数是：冒充高校人员；打着接受高校委托的旗号；以“自主招生”为名哄骗；以“低分高录”的方式哄骗；宣称有招生的“内部指标”；以地方、军队院校“特招生”的名义哄骗；印发假的录取通知书；篡改网上公示的招生名单。

陷阱三：海外留学陷阱。

国外有一些不法分子借机在国外开设“三无大学”，在国内招生。所谓“三无大学”就是“无校舍、无师资、无资质”的大学。有些人打着国外名牌大学分校的招牌在国内招生，在国内缴纳了巨额学费之后，到了海外方知被骗。

陷阱四：远程教育海外文凭陷阱。

有些国内的教育机构和海外教育机构联手，推出了远程教育的课程体系，宣称在国内通过远程教育即可获取海外著名教育机构的文凭。其实，这些海外的文凭一文不值，完全是“出口转内销”的文凭。结果学生花了很多钱，却只买到了一张废纸。

陷阱五：名牌家教陷阱。

针对有些学生中考、高考成绩不理想的现象，某些家教公司就会推出价格不菲的名牌家教。声称，一旦聘请了这些名师，学生的成绩会在短时间内得到大幅度的提高。但是，结果往往差强人意。找这些家教公司去退钱，几乎是不可能的。

陷阱六：海外职业资格证书陷阱。

很多海外的职业教育机构看好中国巨大的人才培训市场，纷纷在国内推出了海外职业资格证书。他们打着国际化证书的幌子，用非常昂贵的价格来吸引国内的人参加各种职业证书的培训和考试。他们往往宣称，一旦持有海外职业资格证书，就有了国际化从业的背景，就可以在全球执业。这种说法完全是无稽之谈！大多数人都到国外去执业根本不可能，即使到国外执业，也会面临着语言不通、人脉关系不广等原因，无法谋生。

量入为出平衡收支

所谓量入为出就是要根据收入的多少来决定开支的限度。一旦违背了这一原则，就会出现理不清的消费债务链，削弱人们未来的消费能力。

要过踏实的日子，还得靠量入为出；只有保持收支的平衡，才能实现财富的自由！英国大文豪狄更斯的小说《大卫·科波菲尔》中的人物米考伯说过这样一句话："一个人，如果每年收入 20 英镑，却花掉 20 英镑 6 便士，将是一件最令人痛苦的事情。反之，如果每年收入 20 英镑，却只花掉 19 英镑 6 便士，那是一件最令人高兴的事。"这句话告诉我们，要过得快乐，就必须量入为出，过度消费是最令人痛苦的事情。

随着消费水平的日益提升，商家们的各式促销手段及营销手法也在不断更新。面对不断膨胀的消费诱惑，消费者还需保持理性，量入为出，摒弃不良消费习惯。在不降低消费品质的前提下，让不必要的支出“瘦”下去，让自己的钱包“鼓”起来。

琳达在上海某知名外企工作，是个时尚靓丽的漂亮女孩，入行不到两年，琳达的税后月薪能拿到8000元上下。虽说收入不少，也不需承担房租、水电等个人开销，但琳达却依旧是个地地道道的“月光族”。

琳达比较爱打扮、爱新奇，现在网络商家展示的商品实物图和效果图都很精美，而且买得越多折扣越高，上下班途中和午休间隙刷刷网页，不知不觉就下了不少单。因为习惯网购，琳达几乎每天都能收到几个快递包裹。但是，她购买的不少服饰及许多小家电都是冲动消费和重复购买。

除了网购消费，各类美容、美发的预付卡也是琳达的支出“大头”。现在美发、美容都需要办预付卡，不然就没有折扣。有时还没用完，商家又开始催着充值，所以，这部分花费也始终降不下来。琳达目前在美容、美发、健身上预付的费用粗略估计就高达2万多元。

月初领薪水时，手头宽裕出手大方，临近月末和信用卡还款日就需节衣缩食，甚至偶尔还需向父母求助，这是不少都市上班族的写照。客观地说，在人均消费水平日益提升的当下，有些不良消费也在日益膨胀。尤其是像琳达那样初入社会、经济刚独立的年轻人，往往更无法理性对待各式时尚消费的诱惑，许多“月光族”钱包空空的原因也就在于此。

以琳达颇具代表性的案例而言，不少时尚消费族在网络及实体店的盲目购物及从众心理便是最为常见的不良习惯。这部分消费者往往会因禁不住商家的大肆炒作、密集的明星代言或是PS（一种图像处理软件）图片及周围朋友的群体影响，将不适合自身风格或日常使用率极低的“当季流行”物品买回家，在仅仅使用了几次或短期的流行趋势结束后便将商品束之高阁，造成浪费。

另外，诸如“买 150 送 50”“满 300 送 120”“满 500 九折包邮”这类消费满额即获折扣的营销手段也是网络和实体商家最为常用的促销手法。在实际购物过程中，不少时尚消费族也常常会和琳达一样为实现“折扣最大化”而选择一些自身需求外的商品进行“凑数”，或在折扣期间超量购入促销商品，最终抱回一堆不在预算计划内的“无用商品”，甚至遭遇商品来不及被正常使用即被告过期的尴尬，导致得不偿失的浪费。

就像减肥首先需要进行合理饮食一样，想让不必要的支出“瘦”下去也必须先摒弃上述的种种不良习惯，注重量入为出，从自身实际需求出发，避免因一时冲动购入功能重复或可有可无的商品。

所谓量入为出就是，要根据收入的多少来决定开支的限度。一旦违背了这一原则，就会出现理不清的消费债务链，削弱人们未来的消费能力。也许有人会说：“这个道理我们都知道。”但是，知道是一回事，能不能身体力行又是一回事！最终决定一个人财富多少的，不是收入，而是支出。收入多少并不会让你成为真正的富人，只有学会量入为出，才能真正成为富裕的人。在日常生活中，我们更应该养成量入为出的习惯。

1. 列出预算

编制家庭财务预算，能有效地控制家庭经费。预算一旦编好后，家庭的每位成员都知道有些什么可用，而且可以作为当月开销的准绳。

2. 别充阔佬

你的钱袋中最好不要夹带一打大面额钞票，少带些钱，够紧急的开支就行。如果身边不带钱，便不会大把地乱花了。

3. 尽量不用信用卡

根据统计显示，持卡消费者一般比用现金购货的购买欲高 10%。因此，为了更少地花钱，要少用甚至不用信用卡。

4. 身边不要带自动提款卡

一旦把提款卡带在身边，你的钱就易取易花，提款的次数越增多，就越难以收支平衡。最好将提款卡放在家中隐蔽又安全的地方。

5. 设置零钱盒

每天回到家后，要先把提包和口袋掏空，把所有的零钱投入到零钱盒里，使“聚宝盒”“成长”快速。

6. 养成储蓄的习惯

在超前消费的诱惑下，或者冲动购物欲亢奋时，最好牢记一条重要的原则：储蓄一部分钱作为未雨绸缪时的打算。

7. 拒绝推销员

对上门的、电话里的或者电视上的推销员，都要敢于说“不!”只要不贪图便利或便宜，既可省下许多赚来不易的钱，又能省下你许多宝贵的时间。

8. 购物要有目的

你可将需要买的东西列出一张表来，然后依单购置。切勿在肚饿或衣破时，再去买许多食物与新装；要克服从众心理，避免抢购或盲目采买，应把每一笔钱用在刀刃上，才不会浪费。

富有也要简朴生活

富人与穷人相比，不仅在财富上不同，而且在心理上也有巨大反差：富人知道财富是从一分一厘一毫积累起来的，所以十分珍惜钱财，该花的时候肯定是一掷千金，不该花的时候是分文都不肯出。

诚然，穷人与富人相比，都存在一个机遇问题，但是也有一个努力的问题。俗话说：穷不扎根富不传万代！在这个世界上，只要肯干就会有富有的机会。可以说要想富，就必须开源节流，必须生活简朴，这也是毫无疑问的事情。

富翁的“吝啬”让许多人不可理解，其实“吝啬”是很多富翁们的生活本色和对财富的态度。如果用三个词来描述富人，会是哪三个词呢？答案就是：节俭！节俭！再节俭！

案例一：

美国的比尔·盖茨是世界富翁，但他没有自己的私人司机，公务旅行不坐飞机头等舱却坐经济舱，衣着也不讲究什么名牌。更让人不可思议的是，他还对打折商品感兴趣，从不用钱来摆阔。

一次，盖茨与一位朋友前往希尔顿饭店开会，朋友建议将车停放在饭店的贵宾车位。但他却不同意，朋友说："钱可以由我来付。"可他还是不同意，原因非常简单：贵宾车位需要多付12美元，他认为那是超值收费。

一次，盖茨应邀参加由世界32位顶级企业家举办的"夏日派对"。那次，他穿了一身套装，价格还不到歌星、影星一次洗衣服的钱。不过他不在乎这些，很高兴地穿着这套衣服参加了这次会议。

案例二：

约翰·戴维森·洛克菲勒是美国资本家，也是上世纪第一个亿万富翁，他到饭店住宿，从来只开普通房间。侍者不解，问："您儿子每次来都要最好的房间，您为何这样？"洛克菲勒说："因为他有一个百万富翁的爸爸，而我却没有。"

案例三：

一次，李嘉诚上车前掏手绢擦脸，带出一元钱的硬币掉到车下。天下着雨，李嘉诚执意要从车下把钱拣出来。后来，还是旁边的侍者为他捡回了这一元钱。李嘉诚付给他100元的小费，说："那一元钱如果不捡起来，被水冲走可能就浪费了，这100元却不会被浪费，钱是社会创造的财富，不应被浪费。"

富人与穷人相比，不仅在财富上不同，而且在心理上也有巨大反差：富人知道财富是从一分一厘一毫积累起来的，所以十分珍惜钱财，该花的时候肯定是一掷千金，不该花的时候是分文都不肯出。而穷人呢？在他的眼里，口袋里的几文钱怎么积攒也不可能富可敌国，干脆就全部拿出来，花光了也无所谓。

就是因为这个原因，我们看到，许多富人其实很吝啬，不肯枉花一分钱。而穷人则很慷慨，虽囊中羞涩，但却经常打肿脸充胖子，过着花天酒地的生活。不少的穷人活了大半辈子，房无一间地无一垄，却成天锦衣玉食、装大款摆阔。

下面是美国的一个电视栏目作的一个关于百万富翁的生活的报道，这个节目将告诉观众什么呢？

主持人讲："先生们，女士们，这是约翰尼·卢卡斯，他是一位百万富翁。我将向卢卡斯先生问几个关于他的购买习惯的问题。这些问题来自我们的电视观众。首先，卢卡斯先生，有位观众 J. G. 先生想知道你购买一套服装，最多花过多少钱？"

卢卡斯把眼睛闭上片刻。显然，他在认真回忆。观众悄然无声，很多人都料想他会说："大约在 1000 ~ 6000 美元。"可是，卢卡斯回想了一段时间后，说："我买一套服装花钱最多的一次……包括给自己买的，给妻子琼买的，给儿子巴迪、达里尔和女儿怀玲、金格买的……最多一次花了 399 美元。噢！我记得那是我花得最多的一次。买那些服装是因为一个十分特殊的原因——我们结婚 25 周年庆祝宴会。"

观众对卢卡斯的陈述会有什么反应？观众的预期和大多数美国百万富翁的不一致。

调查显示，典型的美国百万富翁给自己或他人买一套服装通常都不会超过 399 美元。超过 50% 接受调查的百万富翁所买得最贵的服装在 399 美元以内；只有大约1/10的人买过1000美元左右一套的服装；只有大约1%的人买过2800美元左右一套的服装。相反，25%的百万富翁所买得最贵的服装为285美元左右一套，10%的百万富翁所买得最贵的服装为195美元左右一套。

在调查中，有将近14%的人告诉我们说，他们继承了财富。如果将继承财富的百万富翁与自我创业的百万富翁分开，将有什么区别呢？自我创业的百万富翁购买服装及其他高档商品的最高价款，要比继承财富的百万富翁的低得多。典型的自我创业的百万富翁购买一套服装的最高价是360美元，而典型的继承财富的百万富翁所付最高价款为600多美元。

即使一个人很有钱，如果肆无忌惮地胡乱花钱，终有一天会坐吃山空的；即使现在比较穷困，如果懂得利用现有的资源和财富来培育出更多的财富，他终有一天会富有起来的。

看看富人和伟人如此这般的节俭，那些个装大款的穷人脸红不？我觉得应该脸红，不但如此还要深刻反思：自己为什么穷？如果把辛辛苦苦赚来的钱积攒下来，能有如此凄惨的光景吗？肯定不会有！除非出现极为特殊的情形，否则一定如此。在我们这个世界上，根本就没有天生的穷人和富人，即便是那些继承家业的富人，如果不节俭的话也会坐吃山空，入不敷出，最终变成地地道道的穷人。

第十六章
恰当地管理自己的债务

穷人无债胜王子。——英国谚语

合理利用良性负债

如果通过贷款购买非生活必需品，比如，化妆品、车子，以及完全超出自己承受能力的大房子，就不得不将每月大部分的收入用来还债，往往还要拆东墙补西墙，严重影响生活质量，深陷债务泥潭难以自拔。

如今，负债的人不少，但并不是每个借钱的人都有资格被称为“负翁”。有人借钱是为了投资，希望用借来的钱生钱；有些人借钱纯粹为了消费，花完就完了，不会带来任何附加收益。原则上来说，只有将贷款用做自己的生活消费，并最终因为负债导致实际生活品质下降的人才是真正的“负翁”。

如果通过贷款购买非生活必需品，比如，化妆品、车子，以及完全超出自己承受能力的大房子，就不得不将每月大部分的收入用来还债，往往还要拆东墙补西墙，严重影响生活质量，深陷债务泥潭难以自拔。

早晨一阵急促的闹钟声把李卓吵醒了，他不情愿地睁开眼睛，擦掉嘴角的口水，才确认刚才又是在做梦。好梦总是那么短暂，李卓忍不住回味着刚才的那个梦。

在梦中，李卓和女友在餐馆大吃特吃，嘴里品着美味佳肴，手里摆弄着刚上市的时尚苹果手机，看着周围人投来的羡慕眼光，心里别提多神气了。在梦中，李卓不仅把房贷、车贷还完了，信用卡欠款也不拖欠了，还有不少盈余，重新恢复了原来颇有面子的生活，想买什么就买什么，想吃什么就吃什么，潇洒自在。

回到现实，李卓却怎么也高兴不起来，心情那叫一个烦！昨天银行的律师打来电话，催缴欠款，还说本月自己再不还款就可能被银行告上法庭。上班路上，李卓一边开车一边心神不定地想着那个催款电话：扣除本月必须还的房贷，车贷，工资基本所剩无几，剩下上万的信用卡欠款拿什么还呢？他一筹莫展。

到了公司，阳光透过百叶窗把豪华的办公室照得格外明亮，李卓灰暗的心情与之形成鲜明对比。自己怎么说也是个月入过万的白领，生活竟落到这般悲惨地步，富翁没做成，倒变成了“负翁”！李卓觉得自己像一只蜗牛，背着重重的壳一步一步艰难地往前爬。每天他也只有在梦中才会比较轻松，才是个富翁，但是美梦什么时候才能成真呢？

好生活需要负债，负债反过来又影响我们的生活，给我们带来享受的同时，还可能带来困扰，怎样才是正确的做法？其实，负债并没有绝对的对与错。错的不是负债本身，而是对待负债的态度和处理负债的方法。

负债可以分为良性负债和不良负债，关键是看负债是否超出我们自身的承受能力，是为了获得长远的富足生活，还是仅仅为了眼前的短期消费需求。

不良负债一般都是纯粹的消费负债和被动负债，往往都超出了自身的承受能力。通过它，我们可以得到短期的享受，失去的却是未来长远的生活品质保证，甚至还会让自己的实际生活陷入艰难境地。良性负债却完全不同！这种债务，是在个人的可控范围内的，通过适度负债可以让我们提前拥有更高品质的生活。主动负债，是未来理财的有力武器，虽然同样会给我们的日常生活带来压力，但是也会在无形中使自己更加积极地挣钱。

只要了解负债、掌握负债、驾驭负债，就一定可以合理地运用负债，让负债为我们服务，加速实现富有梦想，成就最终的美好生活。只要是良性负债，就不怕继续持有；如果是不良负债，那就要立刻提醒自己，快快进行调整。

第一类良性负债就是，每月还款金额不超过家庭月收入38%的债务

虽然债务需要每月偿还，是每月的财务支出，但是这笔债务支出对个人或家庭的生活影响不是很大，保持基本生活没有大的问题。

一般情况下，中国银行业监督管理委员会（以下简称银监会）在《商业银行房地产贷款风险管理指引》中指出，借款人贷款的月供支出应该控制在月收入的50%以下，而所有的家庭债务占家庭总资产的比例必须控制在60%以下。我认为，每月还贷比例控制在40%以下比较好，最合理的数值是20%～38%。

第二类良性负债是，可以为我们带来收益的投资，比如投资型房屋贷款

虽然每个月也同样需要偿还本金利息，但是房屋可以带来租金收益，甚至如果计算得好，租金还可以冲抵贷款部分。这类贷款，会为我们带来正向的现金流，时间越长所获得的收益越大，而且是用别人的钱，创造自己的收益。

莫让不良债务缠住你

> 因为常常入不敷出、债台高筑，负债消费虽然使负债者得到了短期的享受，却遭遇了长期的生活困扰和压力，最终使未来的生活质量受到严重冲击和影响。

同世间所有的事物一样，债务也有好坏之分！这两类负债给我们未来生活带来的影响完全不同。不良负债可能带给我们沉重的经济负担和心理压力，而良性负债则可以给我们带来更加富裕、幸福的生活。在选择负债时，应该予以区分。

不良负债大多属于信贷消费带来的负债。随着消费观念的逐渐改变，个人消费信贷规模随之急剧扩大，越来越多的现代人加入到信贷消费的行列中。据统计，我国大中城市居民已经悄然成为高负债一族。“花明天的钱，享受今天的生活”，这种生活方式得到了不少人，特别是年轻人的认同和追随，由此形成了“房奴”“车奴”和“卡奴”等新兴族群。

因为常常入不敷出、债台高筑，负债消费虽然使负债者得到了短期的享受，但却遭遇了长期的生活困扰和压力，最终使未来的生活质量受到严重冲击和影响。现实生活中的不良负债，主要有以下几种。

1. 过度负债

这类负债的最典型的特点是每月因为偿还负债需要缴纳的金额超过个人或家庭月收入的50%，每月大部分的收入都不得不用来偿还到期债务，能真正自由支配的收入所剩无几。

这种负债不仅会影响个人或家庭正常的生活，还使个人或家庭背上沉重的财务负担和心理压力。如果收入出现什么变化，势必会使个人或家庭财务陷入困境。

人们习惯把这类负债过度的人称之为“奴”，典型的就是“房奴”——为了房子，把生活品质全部搭上，省吃俭用辛辛苦苦地应付着每月痛苦的日子。

2. 纯粹的消费型负债

这类负债的存在原因是为了享受生活，哪怕都是些大大超出自己承受范围的高档奢侈享受。除了表面上的一些享受和荣誉，这类负债并不会给负债者带来任何实际上的金钱收益。

比如，购车，有些人把车作为代步工具，满足基本出行需求就好；有些人把车作为个人身份的象征，要买就买尽可能高档豪华的最新款的轿车。车子不同于其他众多的产品，并不是一次性消费，后续还有持续消耗，一旦购车，接下去就是每个月的汽油费、停车费、修车费、保险费、过路费……还有难免的违章罚款，这些都是一笔笔不小的后续支出。

另外，汽车的贬值速度非常快，基本上是新车开出4S店，转身开回就立刻贬值20%，之后每年的贬值速度均超过20%。所以，如果经济实力允许买车也无可厚非；但如果超出了自身的承受能力，完全为了面子，就可能最终落入“面子有了，日子难了”的困境中。

3. 过度使用信用卡消费

在现代社会中，信用卡逐渐取代货币，成为非常便捷的创新支付工具，越来越受到人们的欢迎。人们刷信用卡消费购物，在享受到便利的同时，也非常容易给自己造成并未花钱的假象。信用卡并非不用支付，只是延期支付。过分依赖信用卡，累加账单，可能会让自己陷入更深的困扰中。

信用卡在免息还款期内按时还款没有任何问题，但是一旦过期，信用卡就立即变成了高利贷，银行按照每日万分之五的罚息收取利息，相当于年息18%，远远高于目前银行的商业贷款利率，使我们在不知不觉间损失惨重。

在信用卡的使用上，一定要把握好分寸，不能过度地刷卡消费，更不能逾期还款，因为这样不仅会造成高额罚息，还会因为涉嫌恶意透支而影响到自己的征信。信用卡的使用始终控制在合理的范围中就是良性负债，但是如果出现过度刷卡，多次逾期罚息，每月忙于应付到期的卡债，良性债务就成了不良债务，使我们的生活陷入难以自拔的困境。

生活中不要随意借债

任何事情都不会那么顺利，一旦遇到变故怎么办？假如你把钱借给了对方，而对方迟迟不还，即使有钱了也不想还，甚至干脆忘了借钱这回事，这时你会怎么办？

曾经看到过这样一句话："如果你想失去一位朋友，那么就去借钱给他"。这句话说得虽然有点夸张，但也是有一定的道理。钱是最容易影响感情的东西，尤其是朋友之间，最好不要跟钱扯在一起，不要向朋友借钱，也不要轻易地借钱给朋友。

小倩和李若原本是非常要好的朋友，可是如今两人却因为债务关系而闹得不可开交。

小倩是公司的白领，虽然工资不高，但她善于理财，工作三年就攒下了十几万元。她打算用这些钱来投资，可就在这时候，好友李若突然打电话来向她借钱："我想买一套房子，先借我五万元。"看到好姐妹开口，小倩怎么好拒绝，于是她毫不犹豫地答应了。

李若口头承诺说："等我的股票抛了我就还你钱，估计得等上几个月吧！到时候我一定第一时间还你。"听李若这样说，小倩也安慰她说："不急，你就放心用吧，只要我不急用，你什么时候还我都行！"

可是，天有不测风云，就在小倩把钱借给李若的第三个月，小倩所住的那条街的房子忽然要拆迁，如果想被安置在商住楼里必须再额外交十几万元，小倩有点着急。于是，急忙给李若打电话，让她筹集五万元还给自己，可是她却翻脸不认账，在电话里说："你胡说什么呢，我什么时候借你钱了？五万元，吓死我了！"

听李若这么一说，小倩彻底懵了，没想到李若居然会死不认账。无奈之下小倩只好一纸诉状把李若告上法庭，于是两人之间的债务纠纷就这样开始了。

如果你不想让彼此间的友谊因为“钱”而变得尴尬别扭，那么请谨记：不要向朋友借钱，也不要轻易地借钱给朋友。

“钱”是一个非常敏感的字眼，只要与钱扯上关系，很多问题会变得复杂，很多关系也会变得微妙。很多人都体会不到其中的要害，只是单纯地觉得抹不开面子，觉得不借钱给别人会给别人留下小气的印象，或者会觉得向别人借钱应急没什么关系，等有钱了立刻还给对方就是了。

从表面上看，似乎事情就是这样简单。你借钱给对方，对方会感激你，把你当好朋友看待；你从对方那里借钱应急，立刻又还给对方也没什么不可以。但是，任何事情都不会那么顺利，一旦遇到变故怎么办？假如你把钱借给了对方，而对方迟迟不还，即使有钱了也不想还，甚至干脆忘了借钱这回事，这时你会怎么办？刚开始的时候你会想：“可能他手头还不是很宽裕，等过了这段时间，他周转过来了，肯定会还我的。”

这样自我安慰着过了一段时间，等到你认为对方可以还你钱的时候，可是对方仍然没有任何表示，这时候恐怕你就坐不住了，肯定会想：“是不是他忘了借我钱这事儿了？他怎么能在我面前装得这么若无其事？亏我还和他关系这么好，他怎么能不还我的钱呢？”就这样，因为对方没有及时地还你钱而在心里作出种种猜测，甚至会觉得对方很不顺眼，曾经的友谊也会因此变质。

同样的道理，从朋友那里借钱也会出现尴尬的局面。你开口向朋友借钱，如果他不借给你，你会觉得他不够朋友，以后就会淡出交往；如果爽快地借给了你，你一时还不上，认为对方是你的好朋友，应该没关系的。可是，你的朋友也许会想：“这个人怎么能够这样，居然拿着我的血汗钱去挥霍。以后再想从我这里借钱，没门。”或者会想：“她怎么还不把钱还给我呢？我又不好意思向她要，哎，早知道当初就不把钱借给她了。”

由此可见，朋友之间相互借钱的隐患有多大！

自我篇

认识自我，发现自我

第十七章
富翁身上都携带着财富基因

最困难的事情就是认识自己。——希腊谚语

自信是创富的力量源泉

拥有自信的人之所以会心想事成、走向成功，是因为他们都有着巨大无比的潜能等着去开发；消极失败的心态之所以会使人怯弱无能、走向失败，是因为它使人放弃潜能的开发，让潜能在那里沉睡、白白浪费。

相信自己是什么，就会是什么；心里怎样想，就会成为怎样的人。从心理学上讲，这是有一定的道理的。在每个人的心里都有一幅心里蓝图，或是一幅自画像。如果你想做最好的你，那么就会在内心的荧光屏上看到一个踌躇满志、不断进取、勇于开拓创新的自我。美国有名的钢铁大王安德鲁·卡内基就是一个充分发挥自己创造机会的楷模。

卡内基 12 岁时，从英格兰移居美国，先是在一家纺织厂做工人，当时他的目标是“做全厂最出色的工人”。因为他经常这样想，这样做，最终他实现了他的目标。后来，卡内基又当了邮递员，他的目标是成为“全美最杰出的邮递员”。结果，这一目标也实现了。

在卡内基的一生中，他总是根据自己所处的环境和地位塑造最佳的自己，他的座右铭就是“相信自己是最棒的”。

做一个最好的自己，不一定非要当什么“家”，也不一定非要出什么“名”，更不要与别人比高低、比大小。就像人的手指，有大有小，有长有短，各有所长，各有所短，你能说拇指比食指好吗？

拥有自信的人之所以会心想事成、走向成功，是因为他们都有着巨大无比的潜能等着去开发；消极失败的心态之所以会使人怯弱无能、走向失败，是因为它使人放弃潜能的开发，让潜能在那里沉睡、白白浪费。

信心的力量是惊人的，它可以改变恶劣的现状，造成令人难以相信的圆满结局。拥有信心的人永远击不倒，他们是人生的胜利者。

一位年轻人在大学里上学，一天他忽然发现，大学的教育制度有许多弊端，便立刻向校长提出。他的意见没被采纳，于是决定自己办一所大学，自己当校长来取消这些弊端。

办学校至少需要100万美元。上哪儿去找这么多钱？等毕业后去挣，太遥远了。于是，他每天都在寝室内苦思冥想如何能有100万美元。同学们都认为他有神经病，做梦天上掉钱来。但年轻人不以为然，他坚信自己可以筹到这笔钱。

终于有一天，他想到一个办法。他打电话到报社，说他准备明天举行一个演讲会，题目叫《如果我有100万美元怎么办》。结果，许多商界人士都来参加他的演讲。面对台下诸多成功人士，他在台上全心全意、发自内心地说出了自己的构想。

演讲完毕，一个叫菲利普·亚默的商人站起来，说：“小伙子，你讲得非常好。我决定给你100万美元，就照你说的办。”就这样，年轻人用这笔钱办了亚默理工学院，也就是现在著名的伊利诺理工学院的前身。而这个年轻人就是备受人们爱戴的哲学家、教育家冈索勒斯。

正如李宁的广告语——“一切皆有可能”，想取得成功，首先要有这份自信。

众所周知，人的大脑拥有140亿个脑细胞，但我们思维意识只利用了脑细胞的很少部分，如果能将更多的脑细胞从睡眠中激活出来，人的思维意识将更加强大。如果我们都能充满自信，就能创造人间奇迹，亦能创造一个最好的自己。

相信自己能够成为成功者，往往自己就能成为成功者，这是人的意识和潜意识在起作用。人的心灵有两个主要部分，一个是意识，一个是潜意识。当意识起决定作用时，潜意识则做好所有的准备。换句话说，意识决定“做什么”，而潜意识便将“如何做”整理出来。意识好像冰山浮出水平线的一角，而潜意识就是埋藏在水平线下面很深的部分。

一个人如果下定决心做成某件事，就会凭借意识的驱动和潜意识的力量，跨越前进道路上的重重障碍，成功也就有了保障。

创造财富离不开进取心

贫穷本身并不可怕，可怕的是贫穷的思想，以及认为自己命中注定贫穷。一旦有了贫穷的思想，就会丢失进取心，也就永远走不出贫穷的阴影。如果一个人丧失积极的进取心，那么必将阻碍其致富。

现代社会是一个发展和竞争的社会，人要有一种进取心，创富更需要进取心。不能浑浑噩噩地过日子，要打起精神来；做事仔细一些，认真一些，质量高一些……如此，才能立住脚，才能有所成就。

有一天，尼尔去拜访毕业多年未见的老师。老师见了尼尔很高兴，就询问他的近况。

这一问，引发了尼尔一肚子的委屈。尼尔说："我对现在做的工作一点都不喜欢，与我学的专业也不相符，整天没什么事可做，工资也很低，只能维持基本的生活。"

老师吃惊地问："你的工资这么低，怎么还无所事事呢?"

"我没有什么事情可做，又找不到更好的发展机会。"尼尔无可奈何地说。

"其实并没有人束缚你，你不过是被自己的思想抑制住了，明明知道自己不适合现在的位置，为什么不去再多学习其他的知识，找机会自己跳出去呢?"老师劝告尼尔。

尼尔沉默了一会说："我运气不好，什么样的好运都不会降临到我头上的。"

"你天天在浪费好运，而你却不知道机遇都被那些勤奋和跑在最前面的人抢走了，你永远躲在阴影里走不出来，哪里还会有什么好运?"老师郑重其事地说，"一个没有进取心的人，永远不会得到机会的"。

如果把时间都用在了闲聊和发牢骚上，就根本不会想用行动改变现实的境况。对于很多人来说，不是没有机会，而是缺少进取心。当别人都在为各自的前途奔波时，自己只是茫然地虚度光阴，根本没有想到去跳出误区，只会在失落中徘徊。

如果安于贫困，没有梦想，视贫困为正常状态，不想挣脱贫困，在身体中潜伏着的力量就会失去它的效能，一生也永远不能脱离贫困的境地。

贫穷本身并不可怕，可怕的是贫穷的思想，以及认为自己命中注定贫穷。一旦有了贫穷的思想，就会丢失进取心，也就永远走不出贫穷的阴影。如果一个人丧失积极的进取心，那么必将阻碍其致富。

奥斯卡毕业于麻省理工学院，1929 年在气温高达 40°C 以上的西部沙漠地区，他已经待了好几个月。他正在为一个东方公司勘探石油，他把旧式探矿杖、电流计、磁力计、示波器、电子管和其他仪器结合成了用以勘探石油的新式仪器。当奥斯卡得知他所在的公司因无力偿付债务而破产后，沮丧极了，因为这意味着他失业了。

奥斯卡在美国中南部的俄克拉荷马州首府俄克拉荷马城的火车站，准备搭乘火车踏上归途。火车还没来，他就架起自己的探矿仪器来消磨时间。仪器上的读数表明，车站地下蕴藏有石油。但心浮气躁的奥斯卡不相信这一切，他在盛怒中踢毁了那些仪器："这里不可能有那么多石油！这里不可能有那么多石油！"

奥斯卡毁弃了自己用于勘探石油的新式仪器。不久之后，人们就发现，在俄克拉荷马城地下埋有石油，甚至可以毫不夸张地说，这座城就浮在石油上。

奥斯卡的事例证明了：积极的思想能吸引财富，而消极的思想只能排斥财富。有了进取心，我们才可以充分挖掘自己的潜能，实现人生的价值，充分享受人生的甘美。我们才能扼住命运的喉咙，把挫折当做音符谱写出人生的激情之歌。

对自己充满信心是重要的成功致富的原则之一。积极的思想能吸引财富，消极的思想将拒财富于千里之外。有时你可能也会受到消极思想的影响，不过决不要轻易放弃努力，尤其当你距离到达目的地只不过一箭之遥时，更不可停下来。

进取心是人类智慧的源泉，它就好像从一个人的灵魂里高竖在这个世界上的天线，通过它可以不断地接收和了解来自各方面的信息。它是威力最强大的引擎，是决定我们成就的标杆，是生命的活力之源。

乐观者才能吸引财富

乐观者与悲观者有什么不同？比如，同样的半杯水，悲观者说：“唉，可惜啊，再差半杯水，杯子就完全空喽”；乐观者则会说：“哈，太好了，再有半杯水，杯子就满了。”虽然两人面对的和拥有的都是同等的，但是两种说法透出的情绪是不同的。

一样的人生，异样的心态，使人的思想境界不同，看待问题的角度也不相同。大体上说，人生有两种态度：一种是乐观的，一种是悲观的。

很久很久以前，在一个村子里，有两个年轻人想要通过茫茫的戈壁到沙漠的另一边的绿洲去开拓新生活。而且，他们都知道，在沙漠的中间有一座暹（xian）罗人留下的古堡遗址，在古堡旁边的两条小路上，分别放着两杯清水，专给穿越沙漠的人救命用。

有一年的夏天，他们两个决定：去沙漠的另一边的绿洲去开拓生活。于是，一前一后出发了，分别开始了穿越茫茫沙漠的开拓新生活壮举。

当年轻人甲走到古堡的时候，水已经喝完了，他很容易便找到了那个水杯。但是，他发现只有半杯水，便开始抱怨、诅咒、谩骂，恨前边走过的人怎么喝了杯子里的半杯水。突然，天公作怒，一阵强风过后，飞起的沙粒落在了水杯里；当他还在那抱怨水里有了沙子怎么喝的时候，一阵狂风把他手中的水杯刮走了，水洒落在沙粒中。不久，他就死在了沙漠里。

当年轻人乙走到古堡的时候，同样也喝完了水，而且精疲力竭。他挣扎着找到了那个水杯。当他看到杯子里还有半杯水的时候，立即端起水杯一饮而尽。然后，就跪在地上感谢上天，感谢老天的救命之恩。立刻，狂风大作，沙尘霏霏。他躲在古堡的残垣断壁下，休息着；风停了，他走出了沙漠，看到了绿洲，从此便过上了幸福的新生活。

这个故事再一次提醒我们，不管在任何时候，都要保持乐观的情绪，特别是在致富的道路上。富裕是一条喜悦的道路，愿不愿意积极生活，是个人的选择。

乐观者与悲观者有什么不同？比如，同样的半杯水，悲观者说："唉，可惜啊，再差半杯水，杯子就完全空喽"；乐观者则会说："哈，太好了，再有半杯水，杯子就满了。"虽然两人面对的和拥有的都是同等的，客观存在的——半杯水，但是两种说法，前者透出一种消极和茫然，后者却是满怀希望，透露出一种热情和安慰。

"空空的杯子，什么也没有，有什么用呢？满满的杯子，什么也装不下，又有什么用呢？""半杯水之所以叫你不舒服，因为你弄不清楚它是无力斟满，还是剩下的。"会有人如是说。看起来这位旁观者似乎蛮有学问，说得也不无道理，如果你深思一下，就能品味出一些耐人寻味的哲理来，其实恰恰适得其反。在现实生活中，你所感觉的苦、累或开心、舒坦，首先是人的一种心境，牵涉到人对生活的态度。

如果这里放着一串葡萄，第一种人捡上面最好的葡萄先吃，第二种人捡最坏的先吃。在一般人看来，第一种该是乐观的，因为他每吃一颗都是吃得最好的；第二种应该说是悲观的，因为他每吃一颗都是吃得最坏的。不过，其实却适得其反！因为，第二种人还有希望，美好在他的前面。第一种人只好靠回忆了，美好已成为过去了。如果你面对一串葡萄，你该选择哪一种吃法？其实，每一种选择都反映出了一个人的生活态度。

你以什么样的目光看世界，世界就以什么样的目光看待你。人世间的许多事，或近或远，或远或近，往往是因为自己的心态而改变的。人有时只要改变一下自己，便会有很多快乐和兴趣。当你无法改变环境时，不妨改变一下自己，便会拥有另一番风景。

1. 问自己一些可以让你乐观的问题

当处于看起来十分糟糕的情景，我最常用的让自己更好走出困境的方法是——问自己一些乐观、有助于找到解决办法的问题。例如：在这种情况下什么东西是积极的或好的？我可以在这种情况下学到什么？这种情况下蕴藏着什么机遇？

刚结束一段经历时，我并不能立刻就问自己这些问题。有时候需要一些时间处理和接受突然而至的感觉和想法。但过了一段时间之后，当大部分感觉和想法消逝了，我就会问自己一个或多个问题。

2. 从你周围的世界中寻求乐观

是否能够保持乐观的最重要因素之一是外界对你的影响。乐观就像热情，是可以传染的，因此一定要及时寻找可以营造美好环境的方法！试着多跟乐观的人在一起，尽量不要接近那些看起来总是抱怨的人。

通过和一些能给予你帮助的人一起谈论这些问题，会使你的世界观得到一个积极的、建设性的转变。创造、保持乐观的最简单方法之一是有规律地看博客、书，还可以听、看由乐观者制造的录像。

3. 用创造乐观的方法开始你的一天

一天之计在于晨，你用什么方法开始一天会影响到你接下来的时间。

一天中，一个轻松愉快的早晨会减少紧张感。比如：提前做好一天的规划会给你的一天带来更多正能量，快乐地喝麦片粥或咖啡可以使你在一天中遇到不顺心的事情时保持积极的心态和有建设性的思维。

要想获得这样一个好的开始，切实可行的方法是看、读一些积极的东西。或者在吃早餐时进行一段振奋人心或能激发你信心的对话。

第十八章
好品格是财富的永恒基石

品格能决定人生，它比天资更重要。——［英］弗·桑德斯

管住自己的心，不贪婪

当今社会科技发达、物质丰富、充满竞争，太多的时候，我们会被世上的名利、金钱、物质所迷惑，只想将其统统归于己有，不想舍弃，舍不得放下。如果不懂得完美收场，在接下来的日子里可能会遭受毁灭性损失。

欲望是没有止境的，如果你不放下一些东西，只会给自己的身体和心灵带来沉重的负担。只有学会自我放下、自我解脱，保持一颗平常心，少一点欲望，才会多一些快乐。

一天，一位老汉上山砍柴，休息的时候来到山泉边喝水，突然发现在清冽的泉水中闪动着金砂。他感到异常惊喜，然后便小心翼翼地捧走了金砂。从那以后，老汉不用再爬山砍柴了。每过十天半月，他就来取一次金砂，日子很快富裕起来。

人们很快就发现了，都感到很疑惑，不知老汉交上了什么财运，可是老汉却闭口不提，就连自己的父母和妻小都没有告诉。

老汉的儿子也觉得奇怪，决定跟踪，看看老爸究竟是在干什么，终于老爸的秘密被发现了。他认真查看了窄窄的石缝、细细的山泉后，埋怨说："爹，你不该瞒着这事，不然早发大财了。"儿子向爹建议说："只要拓宽石缝，扩大山泉，就冲来更多的金砂！"老汉想了想，自己真是聪明一世，糊涂一时，怎么就没有想到这一点呢？

说干就干，父子俩快马加鞭，很快就把窄窄的石缝凿宽了，山泉比原来大了好几倍。父子两个累得大汗淋漓，想到今后可以获得很多的金砂，便一口气喝光了一瓶老白干……

从那以后，父子俩每天都会跑来看，可是无一不是败兴而归。金砂不仅没增多，反而消失得无影无踪。父子俩百思不得其解，金砂哪里去了呢？

其实，想想看，水流大了，金砂还会沉淀下来吗？贪婪的父子俩连原来的金砂也失去了。

人不能没有欲望，没有欲望就没有前进的动力，但人却不能有贪欲，因为，贪欲是无底洞的，永远也填不满，只会给你带来无穷无尽的烦恼和麻烦。贪婪是一切祸乱的根源，为人处世，都必须控制贪欲。

"在别人贪婪时恐惧，而在别人恐惧时贪婪"这是世界富豪说过的一句名言。巴菲特认为，当投资者懂得见好就收时，就到了卖出股票的好时机。他认为，股票价格是不可能永远高于其内在价值的，当股价远远超出内在价值时，投资者要克服贪婪情绪，懂得适可而止。

1966 年，巴菲特有限公司又取得了令人震惊的成绩。无论是道·琼斯工业指数，还是公司本身的发展业绩，都创下了空前的业绩回报记录。

1968 年，按照大多数人的标准，公司在 1967 年的经营业绩是非常红火的一年。当年，巴菲特有限公司的总收入为1938万美元，即使发生严重的通货膨胀，也有足够财力大量买入百事可乐股票。当年，公司卖出了一些长期持有的可流通股票，使得当年的税前利润达到2738万美元。同年，巴菲特有限公司还通过所属的两个控股公司，收购了另外两家公司，一家是联合棉花商店，另一家是国民保险公司及其附属国民火灾与海运保险公司。

按理说，面对这一大好形势，巴菲特应该很高兴。可是，作为一名理性投资者，巴菲特却非常担忧股票市场会因为投机因素过浓而崩盘。

1970年，巴菲特决定解散巴菲特有限公司，因为他认为，人们对股票市场的估价已经太高，他已经不知道如何投资了。之后，巴菲特便对巴菲特有限公司的资产进行了彻底清算，按照每位股东应该得到的收益以及按比例规定应该得到的利息，全部分给每一个人。

1973—1974年，巴菲特有限公司刚刚解散完毕，股票市场崩盘。这时候，巴菲特个人拥有的股票市值约2500万美元，大部分都被他悄悄投入到了伯克希尔公司。

俗话说得好：贪心不足蛇吞象！当今社会科技发达、物质丰富、充满竞争，我们心中的欲望被挑逗得就像是一头看见红色斗篷的斗牛；他人暴富的经历，更让我们血脉贲张，跃跃欲试；宝马香车招摇过市，你的心早已蠢蠢欲动……

因此，太多的时候，我们会被世上的名利、金钱、物质所迷惑，只想将其统统归于己有，不想舍弃，舍不得放下。于是，心中充满了矛盾、忧愁、不安，心灵上承受了很大的压力。如果不懂得完美收场，在接下来的日子里可能会遭受毁灭性损失，巴菲特就不再具备今天成为世界首富的坚实基础了。

诚信做人，诚实致富

诚信是为人处世的根本，是成就事业的根基。它是人生最基本的素质与道德要求，是人与人之间关系得以维系的准绳，是我们正立大地之间的脚下基石。

中国有句古话：“诚信是金”，说的是做人诚信就像金子一样宝贵。

有这样一个故事。

1935 年，美国经济出现了大萧条，一个 10 岁的男孩在一辆大型运货车上当发货员——给 100 家商店送食品，工作 12 小时的报酬是 50 美分加一块面包和一瓶饮料。

在没有食品送的时候，他就到一间糖果店帮忙，挣点生活费。在一次扫地时，他发现桌底下有 15 美分，他便捡了起来，随即交给了店主。店主抚摸着他的头，说：“孩子，你做得对，好好干吧。”其实，那钱是店主有意放在那儿的，以考验他是否值得信任。

在那个许多大人都失业的年头，糖果店的老板一直留他在店里干到中学毕业，为他日后的事业打下了好的基础。这个男孩，就是后来新泽西至曼哈顿河运线的开辟者和老板、ABC 卡车运输公司的主席——阿瑟意·莫庇拉托。

常言道：一言既出，驷马难追，说得便是人要讲诚信，说过的话要算数，说到要做到。一诺千金，在落难的时候，朋友可能会冒着生命危险来救你一命，可见诚信有多重要。

说到香港首富李嘉诚，首先浮现在人们脑海里的是“富”这个字，是的！香港首富李嘉诚很富有，集万贯财富于一身，拥有世人梦寐以求的荣华富贵。但是人们在羡慕他的时候，有没有注意到，贯穿香港首富李嘉诚一生的，让其赢得世界的东西——诚信。

如果说香港首富李嘉诚的聪明才智是其成功的充要条件，那么诚信的品质则是其赢得世界的必要条件。

在李嘉诚很年轻的时候，他投身塑胶行业。由于顺应了香港经济的转轨，塑胶业在世界也是新兴产业，所以发展前景广阔。可是，正当李嘉诚春风得意之时，却遇到了意想不到的风浪：一家客户宣布，他的塑胶制品质量粗劣，要求退货。

客户打电话催货，李嘉诚骑虎难下。他亲自蹲在机器旁监督质量，可是靠这些老掉牙的淘汰机器，要确保质量谈何容易！李嘉诚又一次陷于人生的大磨难中。

有一天，妈妈庄碧琴让李嘉诚给她泡一道功夫茶。李嘉诚用地道的凤凰茶给妈妈泡上一道潮州功夫茶。妈妈让李嘉诚坐下来，品了几口茶后，问："你认识老家开元寺法号叫元寂的那个住持吗?"

没等李嘉诚回答，庄碧琴继续说："元寂年事已高，希望找个合适的接班人。候选人是他的两个徒弟，一个法号一寂，另一个法号二寂。"李嘉诚静静地听着母亲说，并不插话，只是给母亲满上一杯功夫茶。

妈妈呷了一口功夫茶，接着说："元寂把这两个徒弟都叫到跟前，说：'我现在给你俩每人一袋稻谷，明年秋天以谷为答卷，谁收获的谷子多，谁就是我的接班人。'第二年秋天到了，一寂挑来满满的一担谷子，二寂则两手空空。元寂却当众宣布二寂担当接班人。"

李嘉诚打断母亲的话："不是说好谁收获的谷子多，就选谁当接班人吗?"妈妈笑了笑，说："是的。一寂听了，不服气地说：'分明我收获了一担谷子，二寂颗粒无收，怎么能够让他担任住持啊！'元寂微微一笑，高声地对众人说：'我给一寂和二寂的谷子，都是用滚水煮熟的。显然，二寂是诚实的，理应由他来当住持！'于是，众人悦服。”

这时候，妈妈忽然话锋一转：“经商如同做人，诚信当头，则无危而不克了。”李嘉诚听完妈妈的话，深有感悟。不久，李嘉诚就用自己的诚信打动了银行、供货商和员工，形势因之好转，危机成就了商机。李嘉诚从此在商界站稳了脚跟。

人生是一只“花瓶”，希望是“种子”，汗水是“耕耘”，其内质就是信用、诚实，这是每个人都应该具备的品质。生活，就像一场场无形的考试，一次次地考察你是否懂得应该怎样做人，每个人的言行表现都在为自己的人生答卷打分。

孔子曾说：“人而无信，不知其可也。”诚信是为人处世的根本，是成就事业的根基。它是人生最基本的素质与道德要求，是人与人之间关系得以维系的准绳，是我们正立大地之间的脚下基石。如果走入了虚伪的沼泽，看似平坦的草地，可能就是泥潭；看似坚实的大道，可能就有陷阱：看似美丽的鲜花，可能布满毒刺！在创富的过程中，诚信是异常重要的！

君子爱财，取之有方

当人们面对天上掉馅饼的好事时，都会为之心动。十几万元轻而易举地到手，对于打工仔来说，更是一种难以克服的诱惑。不义之财是不可取的！只有劳动所得才能真正装入自己的口袋。

人们常说：有什么别有病，没什么别没钱。可见，钱这个东西对人是不可或缺的。因为活在这个世界上，衣食住行无一不要钱。如果不满足最基本的生活状况，希望能够过上更加富裕的日子，对钱的需求量就更大了。

过好日子是一代又一代人的追求，只要有条件，吃美味、住豪宅也无可厚非。可是钱从哪里来呢？钱不会自己生钱，得靠人一角一分地去挣。

用什么方法能弄到钱？用什么方法能够在最快的时间里弄到最多的钱？其中，是有玄机的。

挣钱的方法很多，会挣钱可以说是一种智慧。中国人挣钱讲究的是一个“道”字，老祖宗流传下来的做事原则，就是从仁义道德出发，追求正当利润，绝不发不义之财。李元纲《厚德录》中有一则故事。

有一个名叫林绩的人，在蔡州旅舍中住宿。在他躺下的时候，感觉床席下有东西，便掀开床席一看，发现在一个布袋中有个锦缎包袱，里面装满了几百颗珍珠。

第二天，他询问旅店主人说：“前天晚上什么人住在这里呀？”主人告诉他，是富商××。林绩对店主人说：“他是我的老朋友，如果他再来，让他到上庠找我。”说完，便离开了。

富商到了京城，要拿出珍珠来卖，发现已经没有了，急忙沿着来路寻找。到达蔡州旅舍后，听到旅店主人的话，便赶到上庠。林绩把事情的经过告诉了富商，说：“您的珍珠都在，但是不能就这样拿走，您应该上书官府，我当全部奉还。”富商遵照了他的办法。

林绩赶到官府，把珍珠全部交给了富商。官尹让他们对半平分珍珠，富商也愿意，可是林绩却不接受，说：“如果我想得到这些珍珠，前一段时间就已经归我所有了。”

正如林绩所说，如果他想得到这些珍珠易如反掌，只要在拾到的时候不告诉任何人，一走了之便大功告成。可是，他没有这样做。他是不喜欢珠宝吗？他不知道这么多的珍珠能值很多钱，可以就此改变自己的生活吗？非也！因为他懂得爱财必须有“道”，必须靠自己辛勤劳动去挣，而不是乘人之危发不义之财。

当人们面对天上掉馅饼的好事时，都会为之心动。十几万元轻而易举地到手，对于打工仔来说，更是一种难以克服的诱惑。不义之财是不可取的！只有劳动所得才能真正装入自己的口袋。

君子爱财，取之有道！这是我国古时候先贤们对于财富积累行为的一句原则性的忠告：君子追求财富，应该符合道义原则。在追求财富的过程中，必须依靠辛勤的劳动和汗水，要遵守国家法纪和市场经济的游戏规则。

叶澄衷是著名的宁波商团的先驱和领袖，其实早年叶澄衷是一名穷汉，靠在黄浦江上摇木船卖食品和日用杂货为生。一天中午，一位英国洋人雇叶澄衷的小船从小东门摆渡到浦东杨家渡。洋人可能心中有事，船刚靠岸便匆忙离去。洋人离去后，叶澄衷发现舢板上有一只公文包，打开一看，包内不仅有数千元美金，还有钻石戒指、手表、支票本。

叶澄衷从来都没有见过这么多的钱和这么多值钱的东西！可是，他没有感到惊喜，而是想到丢了包的洋人该不知会怎样着急。于是，他哪儿也不去，就在原处等候那位洋人。

直到傍晚，那位洋人才满脸沮丧地来到这里。在寻找了大半天之后，他已经对公文包失而复得不抱很大希望。但他万万没有想到的是，自己的包竟然会在舢板上，更没有想到这个中国船工还一直在等着自己。

洋人打开自己的包，见原物丝毫未动，不禁大为感动，立即抽出一把美钞塞到叶澄衷的手中，以示谢意。叶澄衷拒不肯收，开船就要离去。洋人看到这个情景，又立即跳上小船，让叶澄衷送他到外滩。

船一靠岸，洋人就把叶澄衷拉到了自己的公司。原来，洋人是一家五金公司的老板，见叶澄衷为人厚道，心中十分佩服，便想与叶澄衷合伙做生意。叶澄衷愉快地答应了。从此，叶澄衷走上了经商之路，在日后的经营中，他一如既往地秉承“君子爱财，取之有道”的德性，赢得了消费者的信赖，成为远近闻名的“五金大王”。

追求物质财富，希望生活富裕，是人之常情，但利欲熏心、见钱眼开，作出有悖人性、愚蠢野蛮的行动，就显得可笑、可恨了。千万不要因一时的鬼迷心窍而做出胆大妄为、自欺欺人的事情。

“君子爱财，取之有道”指的不仅仅是拾金不昧，还包括钱必须来得正，必须是正当利润。天下谁人不爱财？但是，在打算做一件事情的时候一定要想一想，自己做的这件事有没有偏离道德范畴。有偏离，哪怕一点点都不要去做。赚钱时心里干净，花钱时心里才能清静。如果反其道而行之，无德、无道、无良知，肯定会受到道德的谴责和法律的制裁。

在求富的过程中，如果为聚财而不择手段，只会落下一个骗子、奸商的丑名。要聚财，更要聚德，要遵循“君子爱财，取之有道”的原则，聚干净财，聚良心财，聚清白财。

第十九章

内在的涵养是笔无形的财富

修养的本质如同人的性格，最终还是归结到道德情操这个问题上。

——［美］爱默生

主动谦让让合作伙伴发点财

如果过于精明，总是千方百计地从对方身上多赚钱，以为赚得越多就越成功，结果是，多赚了眼前，输掉了未来。个人发展的可持续观就是合作共赢。小胜靠智，大胜靠德，厚积薄发，气势如虹。只懂追逐利润，是常人所为；更懂分享利润，是超人所作。

科学家们研究发现，大雁之所以能够长途飞行就是因为群体协作。成群的大雁“V”字形飞行，比一只大雁单独飞行能多飞出12%的距离。人也一样，只要能跟伙伴合作而不是互相干扰争斗，就可以发展得更快、更好、更远。

在植物世界中，地衣的生命力几乎是最强的。实验表明，地衣在零下273摄氏度的低温下能生长，在真空条件下放置6年依然可以保持活力，在比沸水温度高一倍的温度下也能生存。因此，无论是沙漠、南极、北极，甚至大海龟的背上我们都能看到地衣的身影。

地衣为什么有如此顽强的生命力？因为地衣不是一种单纯的植

物，它是由两类植物“合伙”的组成，一类是真菌，一类是藻类。真菌有着超强的吸收水分和无机物的能力，藻类具有叶绿素，可以利用真菌吸收的水分、无机物和空气中的二氧化碳做原料，利用阳光进行光合作用，制成养料，与真菌共同享受。这种密切合作，就是地衣具有顽强生命力的秘密所在！

合作不仅是一种积极向上的心态，更是一种智慧！所谓合作伙伴，就是既要能“合”，又要能“作”。也就是说，既要能与你精诚合作，不起异心，又要有实际能力办成实事，而不是只“说”不“作”，这两点缺一不可。

合作就像婚姻，它是你腾飞的起点，是你发达的基础。好的婚姻使人幸福有加，好的合作使人飞黄腾达。有好的合作伙伴是人一生的幸运，而不相宜的合作伙伴则使人两败俱伤。

一位建筑商，年轻时就以精明著称于业内，但摸爬滚打许多年，事业不仅没有起色，最后还以破产告终。在穷困潦倒之时，他漫无目的地在街头闲转，路过报亭，买了一份报纸随便翻看。看着看着，眼前猛然一亮，报纸上的一段话如电光石火般击中他的心灵。

后来，他以 1 万元为本金，再战商场。这次，他的生意好像被施加了魔法，从杂货铺到水泥厂，从包工头到建筑商，一路顺风顺水。短短几年内，他的资产就突破 1 亿元。随后又过了几年，很快又突破 10 亿元，创造了一个商业神话。

一次，记者追问他东山再起的秘诀，他笑着透露四个字：少拿两分。很多人听得云里雾里，莫名其妙。他随后就解释道，当年看到的报纸，其中有一小段话让他恍然大悟：若有机会能和别人合作，假如你拿七分合理，八分也可以，那就最好拿六分。

其实，这并非一个赚钱的方法，却包含了一个为人处世的原则和道理。细想一下，如果总是让别人多赚两分，每个人都知道和你合作会占便宜，就会有更多的人愿意和你合作。虽然你只拿六分，生意却多了一百个，假如拿八分的话，一百个会变成十个。虽然这是一个商业小案例，但可以让我们学会与人合作时的态度。一味地以自我为中心或心存高傲的姿态，将会失去很多的机会。

如果过于精明，总是千方百计地从对方身上多赚钱，以为赚得越多就越成功，结果是，多赚了眼前，输掉了未来。个人发展的可持续观就是合作共赢。小胜靠智，大胜靠德，厚积薄发，气势如虹。只懂追逐利润，是常人所为；更懂分享利润，是超人所作。人生百年，不可享尽世间所有荣华；惠及百人，才能得到人间真爱。

精明的犹太人曾经说过："一个人赚钱没有什么了不起，要让大家都能赚钱才是成功！许多个体的精诚合作，完全能够控制整个市场。"想要让自己实现财富梦想，就要认清时代的特点，珍视身边合作的机会，珍惜身边每个可能与你合作的人！

做一个乐于合作的人

所谓合作就是，一群人以心志的统一、力量的统一来共同追求某一特定的目标，也就是拿破仑·希尔所说的"团结努力"。一个缺乏合作精神的人，不仅在事业上难有建树，也难在激烈的竞争中立于不败之地。

哲学家威廉·詹姆士曾经说过："如果能够使别人乐意和你合作，不论做任何事情，你都可以无往不胜。"合作是一种能力，更是一种艺术。只有善于与人合作，才能获得更大的力量，争取更大的成功。合作之所以会产生巨大的能量，就在于它能优势互补，凝成合力，发挥 1 +1 >2 的绩效。

案例一：

蜜獾和导蜜鸟是一对好伙伴，它们经常会一起合作，共同捣毁蜂巢。野蜂喜欢将自己的巢筑在高高的树上，蜜獾很难发现。目光敏锐的导蜜鸟发现了树上的蜂巢后，就会扇动翅膀，做出特殊的动作，并发出“嗒嗒”的声音，发出信号。蜜獾得到信号，便会匆匆赶来，爬上树，咬碎蜂巢，赶走野蜂，吃掉蜂蜜。这时候，导蜜鸟会静静地站在一旁，等蜜獾美餐一顿后，它才会独自享用蜂房里的蜂蜡。

团结就是力量，合作就是力量！要想让自己的财富越积越多，任何人都需要他人的帮助。卡耐基说过，一个人的成功，只有15%是由于他的专业技术，而85%则要靠人际关系和他的为人处世能力，这不正是合作的能力吗？就连动物都懂得的道理，我们为何不知？

案例二：

海葵虾和红海葵也合作得不错！海葵虾的两只大螯各自夹着一只红海葵，整天东游西荡。一旦遇到危险，海葵虾就会立刻提起红海葵，这时候红海葵就会用有毒的触手对付来犯者。这样，海葵虾可以到处觅食，不必为安全担忧；而红海葵只要收集海葵虾吃剩的食物就不会饿肚子了。

合作不单是一种精神，还是一种生存需要。新世纪的生存之路绝不比我们以往的路好走，在创富的过程中，会遭遇无数挑战。可是，在奋斗的过程中，许多才华横溢的青年却不懂得合作的重要，无法理解同其他人合作的积极意义。万事不求人，只会吞下自我封闭的苦果；团结一致，紧密协作，才能实现自己的创富梦想。

案例三：

鳄鱼和千鸟的互惠互利更为有趣。鳄鱼看起来很凶，可是千鸟不仅会在鳄鱼身上找小虫吃，还会进入鳄鱼的口腔中，啄食残留的鱼、蚌、蛙的肉屑和寄生在里面的水蛭，帮助鳄鱼清洁口腔。即使鳄鱼把大口一闭，千鸟被关在里边，也不用担心，因为只要千鸟轻轻用喙去打鳄鱼的上下颚，鳄鱼就会张开大嘴，让千鸟飞出来。

这些动物的合作事实告诉我们，当机会来临而个人难以把握时，就要通过与他人合作的形式来争取赢利，千万不要因为贪婪而拒绝合作或者轻易放弃机会。好的发财机会虽然有但是毕竟不会频繁出现，应该珍惜每次机会。

海神吹响了21世纪的号角，或许有人依然沉溺于这样的幻想中：独自一个人，信马闯天下，夺取成功殿堂中瑰丽的宝石。可是，这样的梦想经常会被现实无情地击碎。生活是玄妙广垠的，社会是浩瀚复杂的，我们只是沧海一粟、星宇一颗，要想创造个人财富，仅凭个人之力是无法达到的。无数经验和教训告诉我们：没有人能独自成功！成功呼唤合作！

所谓合作就是，一群人以心志的统一、力量的统一来共同追求某一特定的目标，也就是拿破仑·希尔所说的“团结努力”。一个缺乏合作精神的人，不仅在事业上难有建树，也难在激烈的竞争中立于不败之地。

在现代社会，孤家寡人、单枪匹马是无法取得成功的，必须通过团结协作，形成合力。从某种意义上讲，帮别人就是帮自己，合则共存，分则俱损。如果因为心胸狭隘，单枪匹马去干事，放着身边的人力资源不去利用，只能事倍功半，甚至更糟。

气度宏大才能赢得尊重

> 既然向后退一步，就能欣赏海阔天空的辽阔，何苦要对眼前的小事斤斤计较？佛家有言，与人方便，自己方便。当我们懂得为别人着想的时候，别人也会将心比心，也会为你着想，这就叫宽容。这时，你想要的就会如期而至。

在创富的过程中，我们常常会因小失大，很多人都是因为斤斤计较而得不偿失。不得不说，斤斤计较只会让你失去的越多。其实，许多人的烦恼，并非是由大事情引起的，而恰恰是来自对身边一些琐事的过分在意、计较和“较真”。

从前，有一个年轻人脾气非常不好，动不动就与人打架，人们都很讨厌他。

一天，年轻人无意中游荡到了大德寺，遇到一休禅师在讲佛法，听完之后异常懊悔，决定痛改前非，并且对一休禅师说：“师父！今后我再也不与别人打架、斗口角了，即使人家把唾沫吐到我脸上，我也会忍耐地拭去，默默地承受！”“就让唾沫自干吧，别去拂拭！”一休禅师轻声说道。

年轻人听完，继续问道：“如果拳头打过来，又该怎么办呢？”“一样呀！不要太在意！只不过一拳而已。”一休禅师微笑着答道。

年轻人实在无法忍耐了，便举起拳头朝一休禅师的头打去，继而问：“现在感觉怎么样呢？”一休禅师一点儿也没有生气，反而十分关切地说：“我的头硬如石头，可能你的手倒是打痛了！”

年轻人无言以对，似乎对禅师言行有所领悟。

一休禅师的境界确实了得，可能很多人很难做到这些。但是我们生活在红尘之中，大度包容的心还是不可缺少的。如果气量狭小，遇事斤斤计较，在生活中就会处处碰壁，烦恼无限。假如能以实际行动理解、包容别人，那么你也会得到别人的理解和包容的。

气度不仅是一种好品德，也是一种投资。如果觉得，选择宽容，自己会吃亏，是非常愚蠢的。这么小的事情，付出这么高的成本，值得吗？如果不是原则性的问题，真的没有必要斤斤计较。

第二次世界大战时，美国海军炮艇“塔图伊拉”号停泊在英国威尔士，莱德勒少尉在炮艇上服役。一天，在一个“不看样品”的拍卖会上，莱德勒用30美元拍得一个密封的大木箱。木箱里装着两箱威士忌，一些围观的人愿出30美元买一瓶，莱德勒婉言谢绝了，因为他很快就要调走，他想留着这些威士忌开一个告别酒会。

当时，嗜酒的海明威正好在威尔士，他找到莱德勒，希望买6瓶酒，莱德勒以同样的理由拒绝了。海明威掏出很多美钞，说："卖我6瓶，你要多少钱都行！"莱德勒沉默了一会，说："好吧，我用6瓶酒换你6堂课，你教我怎样成为一个作家，如何？"海明威答应了。

海明威认认真真地为莱德勒上了5堂课，准备上最后一堂课时，临时有事要离开威尔士。莱德勒陪他去机场，海明威说："我绝不会食言，现在就给你上第6堂课。在描写别人前，首先自己要成为一个有修养的好人……第一，要有同情心；第二，以柔克刚，千万别讥笑不幸的人。"莱德勒疑惑不解地问："做好人与写小说有什么关系？"

海明威一字一顿地说："这对你的整个生活都是重要的。"临别前，海明威突然转过身来说："朋友，为你的告别酒会发请柬前，务必把你的酒抽样品尝一下！"回到炮艇后，莱德勒打开威士忌，发现里面装的全部是茶。莱德勒不禁为海明威的宽厚深深感动。

有时候，宽容就是将心比心。很多时候，我们都会觉得，为什么越是自己想要的东西，就越是得不到？其实，当你抱有这种想法的时候，想到的只有自己，世界也就剩下了自己，于是越走越小，黔驴技穷。既然向后退一步，就能欣赏海阔天空的辽阔，何苦要对眼前的小事斤斤计较？佛家有言，与人方便，自己方便。当我们懂得为别人着想的时候，别人也会将心比心，也会为你着想，这就叫宽容。这时，你想要的就会如期而至。

宽容就像是一对巴掌，只有一个，是拍不响的！

第二十章
用信念指引自己走向财富圣殿

喷泉的高度不会超过它的源头，一个人的事业也是这样，他的成就绝不会超过自己的信念。——［美］林肯

用信念激活你的赚钱基因

信念的力量是伟大的，它支持着人们生活，催促着人们奋斗，推动着人们进步，正是它，创造了世界上一个又一个奇迹。有时候，你可能会听到这样的话：“光是像阿里巴巴那样喊‘芝麻，开门’就想使门真的移开。”那是根本不可能的！

一个人一旦成功，定然会收获成千上万的经验，可是失败的原因却只有几种，为什么世上的富人占20%，而穷人则占了80%？因为成功与失败之间有一步之遥——信念！财富的创造也是如此！

洛克·里昂兹是纽约空军喷射机防卫队队员马丁·里昂兹的儿子，在他5岁的时候，有一天母亲凯莉开着小货车带他行驶在阿拉巴马的乡间小道上，结果小货车跌跌撞撞掉到峡谷中。

凯莉受了重伤，整个人被支离破碎的车门压得动弹不得。洛克一点都没有受伤，他嚷着：“妈妈，我会带你出去。”他从妈妈的身下爬

出来，从车窗爬出小货车，并尝试着将母亲拉出车子，但凯莉一动也不动。于是洛克又钻进了小货车，将凯莉推出车子的残骸。

母子两人慢慢地爬上堤防，洛克在后面用瘦小的身躯将2.5倍于自己体重的母亲往上推。一寸一寸，就像是蜗牛爬行。凯莉感到非常心疼，几乎要放弃希望，但洛克始终鼓舞着她："我相信你能做到，我相信你能……"

最后，他们终于爬到了路边，洛克这才看清母亲的伤势。这时候，一辆货车经过，他泪流满面，挥舞着双手，呼喊："停下来，请停下来！"车停了下来，洛克向司机恳求："请带我妈妈到医院。"

虽然凯莉受的伤很重，但是由于抢救及时，最终得救。洛克的英勇事迹成了大新闻。但这个小男孩却谦虚地认为自己没有做什么事，他说："一切都在意料之外，我只是做了该做的事，任何人在当时都会那样做的。"凯莉则感动地说："如果不是洛克，我可能早就因流血过多而死了。"

面对同一种境遇，任何一个人都不会比其他人占有优势，关键是你的心境是否早俯首于来自苦难的压力。信念的高度决定着一个人的人生高度，成功者之所以成功，主要就是因为他们总是以积极的信念支配和控制着自己的人生，战胜了自己的缺陷；而失败者却恰恰相反！

信念的力量是伟大的，它支持着人们的生活，催促着人们奋斗，推动着人们进步，正是它，创造了世界上一个又一个奇迹。有时候，你可能会听到这样的话："光是像阿里巴巴那样喊'芝麻，开门'就想使门真的移开。"那是根本不可能的！说这话的人经常会把"信心"和"想象"等同起来。你无法用"想象"来移动一座山，也无法常"想象"实现你的目标，但是只要有信心，就能移动一座山。只要相信自己能成功，就会赢得成功！

2001年大学毕业后，乔军并未像其他同学一样匆忙找工作，而是到学校附近的一家麻辣烫餐馆打工。面对别人的诧异不解与连连惋惜，乔军并未多做解释，因为他想趁着年轻去实现自己的创业梦。

乔军选择到麻辣烫餐馆打工并非头脑一热地随性而为，而是建立在深思熟虑基础上的。“还在上大三的时候，我就萌生了开家麻辣烫小馆的念头，一来是因为我本人非常偏好这一口味，二来是发现这个市场可挖掘的空间很大……麻辣烫以其价格低廉、方便快捷、美味可口、不易发胖等诸多优势成为了人们的不二选择。”乔军亲眼见证了学校门口那家麻辣烫餐馆的成长壮大，乔军更加坚定了在学业完成后进行创业的信念。

可是，说起来容易做起来难，凡事皆如此。对于雄心勃勃渴望成就一番事业的乔军而言，资金匮乏的现实问题首先横亘在创业的起跑线上。父母都是知识分子，他们很难接受自己的儿子放着好端端的公司白领不做而去从商的想法，所以别说是向他们借钱，就连“创业”两个字都不能提。好在大学四年节省下的生活费与做促销员的劳务费加在一起还有6000元，总比分文没有强。

或许在绝大多数人眼中，6000元与创业开店最起码的门槛相比都相去甚远，可是，现实的困难却并未难倒或吓退乔军，因为在他看来，决心与信心远比资金更重要。于是，他决定有多少资金就做多大买卖，既然暂时没钱开餐馆，那就从摆麻辣烫摊开始创业。他初步的设想是，找寻一个地理位置较好的大排档，并选择一家经营项目与自己不存在竞争关系的小馆，然后商议以互利共赢的方式介入其中，待赚足开店经费后再单干。

在找寻“合作伙伴”期间，为了尽可能多地积累创业经验，乔军索性以每月500元的低工资“潜伏”进梁子的餐馆偷学技艺。七个月的“偷师学艺”倍增了乔军的创业信心与经验，进而使他在大排档摆摊期间更加得心应手。就这样，乔军一干就是三年，2005年冬天，他盘下了一家距离火车站不远的20平方米小店面，开始了独立经营。期间虽也遇到过资金难题，但比起最初只有6000元的日子，乔军觉得一切都算不上问题。

今天，乔军在市中心商业街已拥有了两家麻辣烫餐馆，并开始筹划着注册属于自己的连锁品牌。

可以说，乔军一路走来获得的成功与他勇往直前的性格密不可分。不要以为那些成功的商人都是在万事俱备的情况下才迈出第一步的，机会就像流星一样转瞬即逝，如果非要等到条件成熟时再去做，恐怕别人早已捷足先登。所以，一旦认准商机就不要让机会在等待中流失，只有坚定了谋求财富的决心，才可能找到前进路上困难的解决方案。

正是拥有着这样一颗“向前走无所谓”的心，乔军才攻克了在创业者看来最大的难题资金匮乏，并取得了创业的成功。

他的故事再一次提醒我们，只有在信念的指引之下，我们的财富精神才能超常发挥，才可以做出一般人做不到的事。对财富抱持虔诚、坚定的信念，通往财富的道路也将变得更宽广，我们也会在不自觉中攀上财富的巅峰。

任何时候都要抱定必胜信念

> 如果仔细回忆一下自己从小到大的事情，就会发现：大多数人在面临选择的时候，80%的决定都是在别人的帮助或参与下做出的，而这样的决定50%最终都会后悔。其实，成功的秘诀很简单，只要坚定自己的信心、抱着必胜的信念即可。

要想做成大事，必须有一种强大的力量作为精神上的支撑，这种力量就是一个人的自信心，创富的过程也是如此！爱默生说：“自信是英雄主义的本质。”只有相信自己能成为百万富翁的人，才能最终实现自己的梦想；只有相信自己能大成的人，才能让财富靠近自己。

赖斯是美国女性政治家，在她小时候，美国有着很严重的种族歧视，特别是在生活的城市伯明翰，黑人的地位非常低下，不管做什么事都会受到白人的歧视和欺压。

10 岁那年，赖斯全家到华盛顿观光旅游，因为黑人的缘故，他们全家被挡在了白宫门外，不能像其他人那样走进去参观！小赖斯倍感羞辱，咬紧牙关注视着白宫，然后转身一字一顿地告诉爸爸："总有一天，我会成为那房子的主人！"

父母十分赞赏女儿的志向，经常告诫她："要想改变黑人的状况，最好的办法就是取得非凡的成就。如果你拿出双倍的劲头往前冲，或许能获得白人的一半地位；如果你愿意付出 4 倍的辛劳，就可以跟白人并驾齐驱；如果你能够付出 8 倍辛劳，就一定能赶到白人的前头。"

从此，为了实现"赶在白人的前头"这一目标，赖斯数十年如一日，付出了超过他人"八倍的辛劳"。她发奋学习，积累知识，培养能力。她不仅熟练地掌握了英语，还精通俄语、法语和西班牙语；考进了美国名校丹佛大学并获得博士学位；26 岁时就已经成为斯坦福大学最年轻的女教授，随后还出任了这所大学的教务长。

另外，赖斯还用心学习了网球、花样滑冰、芭蕾舞、礼仪训练等，并获得过美国青少年钢琴大赛第一名。凡是白人能做的，她都要尽力去做；白人做不到的，她也要努力做到。最后，她终于昂首挺胸，堂堂正正地走进了白宫，成为美国历史上第一位黑人女国务卿。

当有人问起她成功的秘诀的时候，她说："因为我付出了'八倍的辛劳'！因为我自始至终都抱着必胜的信念！"

树无根不长，人无志不立！有志气才会有出息，有耕耘才会有收获，相信自己行，努力才能行。芝加哥大学的布鲁姆博士曾研究过 100 位杰出且年轻的运动员、音乐家和学生。他十分惊讶地发现，这群年轻人的成功，都归于他们成名前就已拥有"我必出人头地"的信念。

在这个世界上，每天、每时、每刻都在发生很多事，许多人成功，许多人失败。无论是关于人生、学业、事业，还是投资、机遇……我们经常会走在一个上下两难的十字路口。同时，我们也常常需要做出这样那样的判断，有人坚定，有人迷惑……如果仔细回忆一下自己从小到大的事情，就会发现：大多数人在面临选择的时候，80%的决定都是在别人的帮助或参与下做出的，而这样的决定50%最终都会后悔。

其实，成功的秘诀很简单，只要坚定自己的信心、抱着必胜的信念即可。

可口可乐的总裁古滋·维塔是一个古巴人，40年前随全家人匆匆地逃离古巴，来到美国。身上只带了40美金和100张可口可乐的股票。同样是这个古巴人，40年后竟然能够领导可口可乐公司，让这家公司在他退休时效益增长了7倍！整个可口可乐股票价值长了30倍！他总结经验时，讲了这样一句话："一个人即使走了绝境，只要你有坚定的信念，抱着必胜的决心，你仍然还有成功的可能！"

古滋·维塔是高智商的代表，他的一生经历了无数的坎坷，但都一次又一次地被他超越了。也许有人会说：因为他成功了所以就说他智商高。的确，人们对成功者的评价往往是"马后炮"，在他们成功以后再总结其成功的要素，而不能有"先见之明"。同样的，以往人们常常凭借直观感觉来看待一个人对困难的态度，认为这个持之以恒、坚忍不拔，另一个人则意志力薄弱、缺乏耐心等，这种观察是模糊不清的，对个人的培养锻炼没有任何实际意义。

信心是雄心之本，是壮志之源！没有信心，就不可能有雄心！归根结底，信心、信念是所有一切的核心和关键。在聚集财富的过程中，自信心比知识和智慧更重要。必胜的信心、坚强的信念是一个人最宝贵的财富，是一切成功之源！

你也可以心想事成

> 人的头脑就像一部超大型的计算机，不仅控制着我们的思想和学习，还掌控着我们的感觉、情绪以及身体的各种反应，这不可思议的能量信息系统主宰着我们一生的发展。正确地输入信息和有效地提升这部超大型的计算机的功能，让我们的心智功能得以发挥，是获得财富的关键！

人类的潜意识是可以超越一般常识的，几乎可称之为全然未知的超意识能力，但凡人类的直觉、灵感、梦境、催眠、念力、透视力、预知力等都是潜在能力的具体表现。而这种能力一直就密藏在我们的脑里，是一种超越时间、跨越空间，与无限境界相联结的能力。

许多人之所以能够实现他们的财富梦想，主要就在于他们将渴望和思想具体化、形象化，养成了按照成功来思考问题的习惯。不管他们所想的，还是所做的，面向的都是成功，因此最后都能成为事实。英国小说家毛姆曾说："人生实在奇妙，如果你坚持只要最好的，往往都能如愿。"每一种思想，只要持之以恒，百折不挠地加以贯彻，迟早都会梦想成真。

21 世纪，谁能掌握身心力量的运用，谁就是赢家！如今，很多人都在追求财富，可是要想有所成就，是需要付出很多的，为什么？生活中的例子告诉我们，不论你是否聪明绝顶，不论你掌握了哪种工作技能，成败就在一念之间！

人的头脑就像是一部超大型的计算机，不仅控制着我们的思想和学习，还掌控着我们的感觉、情绪以及身体的各种反应，这不可思议的能量信息系统主宰着我们一生的发展。如何正确地输入信息和有效地提升这部超大型的计算机的功能，如何让我们的心智功能得以发挥，这是获得财富的关键！

思想积极的人，把注意力集中在可能做到的事上，往往能够心想事成。

1. 潜意识是所有思想的组合

现在，假设你在学习开车。每次要转弯的时候，大脑里的思维就是："把右脚抬高，往左移12厘米，轻轻踩刹车。"经历学习过程之后，这个有意识的想法就会在你脑子里反复出现，自然会演变成不需思考的刹车模式，也就是说，你脑子里增加了一项积极思想——新的潜意识的模式。因此，经验丰富的驾驶者在开车五个小时回家后，还可以对自己说："我根本不记得自己是怎么开车回家的。"潜意识替他完成了任务。

任何有意识的积极思想，经过一段时间的重复，就会形成潜意识的模式。那么，如果你脑子里一直想："我是不是一个穷光蛋？"几年之后，会发生什么情况呢？你不必再想，它已经形成一种消极思想的自动模式。换句话说，你不必特地做任何事，就可以让自己变成穷光蛋了。

很简单，每人每天大约会产生五万个想法。大多数人所想的以消极思想为主："我又胖了，我记性真差，我又透支了，我什么事都做不好。"如果我们脑子里大都是消极的想法，结果会形成怎样的潜意识行为呢？当然是负面的行为。生活和健康也就在不知不觉间受到了破坏。

有些人常常奇怪："自己为什么会一文不名，日子过得穷困悲惨？"既然学开车可以从熟练转变为条件反射模式，你的种种消极想法当然也可以因同样的道理使自己成为迟到大王，使自己日子过得穷困悲惨。

2. 有规律地训练潜意识

既然可以发挥潜意识来驾驶车辆，当然也可以发挥潜意识让自己成功。

雷德参加了一个激励性的研讨会，立志全心投入积极思考。他说："我要让自己的生活有180度的转变。"第二天早餐之前，他定下了几个目标："升职、买劳斯莱斯、买豪华别墅……"接下来的几天，他还是像平常一样，老是充满消极思想。

到了星期五，雷德说："我看这所谓积极思想的东西，也没什么用。"他大概把每天48个消极思想，减到45个。他还在奇怪为何自己没有中彩票、治好风湿，并且依然和老婆整天斗嘴。

要知道，仅仅一天采取积极的思考方法是没用的。训练头脑就像锻炼身体一样，做20次俯卧撑后，在镜子前左照右照，不可能看出任何变化。同样，只做24小时的积极思考，也不会有什么差别。可是，只要能持续思考几个月，你生活上的改变一定远比健身房带给你的改变更大。

如果你想了解自己的思想，不妨先检查自己的生活。你成功与否、快乐与否、人际关系的好坏，甚至你的健康状况，都反映了你平日的潜意识思想。

3. 注意力集中在对方优点上

雷德和琼斯第一次相约共进晚餐，他下定决心要过一个美好的晚上。琼斯的色拉酱不小心滴在腿上，雷德说："没关系，我帮你擦。"她家里的钥匙弄丢了，雷德说："小事情，我也常常丢钥匙。"

三年后，琼斯和丈夫雷德一起外出用餐，她不小心把色拉酱滴在腿上，雷德说："脏死了。"她的钥匙不见了，他说："笨蛋。"

由此可见，我们怎样看待别人，完全操纵在自己手中！当你"想要"喜欢一个人时，就可以容忍对方，但是想要对一个人发脾气时，就会处处挑剔他的毛病。所以，并不是别人的行为决定我们对他们的看法，而实际情况是，大多数人花更多的时间去想负面的事，而不是正面的事。

琼斯的脑袋中就有两份有关雷德的评分表：第一份简单列出雷德的缺点。第二份详尽列出雷德的优点：友善、幽默、慷慨、可爱的屁股。

结婚以来，她所有的注意力都放在那张简表上面，所写的是丈夫惹她生气的几件事："每次看完报纸，都把报纸丢得满桌都是""每次上完厕所，都不把马桶坐垫放下来"。不幸有一天，雷德被货车撞死了，她又想起那张详表："雷德真是天下少有的好人，仁慈、慷慨、工作认真……他真是个好丈夫。"

如果我们真的要列出评分表，最起码应该采取相反的方法。首先，把注意力集中在他们可爱的地方，一旦他们不在了，再用"他睡觉时也打鼾"等想法来安慰自己。如果我问你："你母亲有什么不好?"你能找出她不好的地方吗?如果我说："请你就她的外表、态度、行为，说出五项你不喜欢的事情。"你说得出来吗?我相信一定可以。如果有足够的时间，你甚至可以列出100项、1000项。想到最后，你或许一辈子都不愿意再见到她。

总是将注意力放在负面事物上的人，通常会为自己辩解："我只是实话实说罢了。"其实，是你创造了那个现实。你选择了怎样去看待你母亲，也选择了怎样去看待别人。现在，随便想想一个你认识的人，把注意力集中在喜欢他的优点上，你们的关系会立刻改善。这样做也许很不容易，甚至会令人有些害怕，但是，这个方法绝对有效。

第二十一章
学会感恩让你更加富有

每一种恩惠都有一枚倒钩，它将钩住吞食那份恩惠的嘴巴，施恩者想把他拖到哪里就得到那里。——［英］堂恩

真情相报会成为致富的良机

感恩的态度可以使我们把注意力集中在想要的东西上。如果满足自己的生活，并对上天充满感恩之心，那么好东西就会源源不绝。我们也会越来越接近梦想。同时，我们会施予别人更多的爱心，也会生活得越来越幸福。

没有感恩之心，无论再怎样富有，也只是一个精神上的乞丐。在创富的过程中，每一个人都不可避免地要接受别人的帮助，虽然我们不一定都能做到涌泉相报，但起码应该有感恩之心。如果只是一味索取，不懂感恩，总有一天会被抛弃，财富不会主动找上你。

下面是刊登在《读者》上的一篇文章。

洛杉矶的一家旅馆。早晨，三个黑人孩子在餐桌上埋头写着感恩信，这是他们每天必做的功课。老大在纸上写了八九行字，妹妹写了五六行，小弟弟只写了两三行。再细看其中的内容，却是诸如“路边

的野花开得真漂亮”“昨天吃的比萨饼很香”“昨天妈妈给我讲了一个很有意思的故事”之类的简单语句。原来，他们写给妈妈的感谢信不是专门感谢妈妈给他们帮了多大的忙，而是记录下他们幼小心灵中感觉很幸福的一点一滴。

他们还不知道什么叫大恩大德，只知道对于每一件美好的事物都应心存感激。他们感谢母亲辛勤的工作，感谢同伴热心的帮助，感谢兄弟姐妹之间的相互理解……他们对许多我们认为是理所当然的事都怀有一颗“感恩的心”。

一直以来，感恩在人们心中是感谢“恩人”的意思。其实，“感恩”不一定要感谢大恩大德，而是一种生活态度，一种善于发现美并欣赏美的道德情操。

感恩的态度可以使我们把注意力集中在想要的东西上。如果满足自己的生活，并对上天充满感恩之心，那么好东西就会源源不绝。我们也会越来越接近梦想。同时，我们会施予别人更多的爱心，也会生活得越来越幸福。

美国中西部小镇，一天傍晚，拜伦在孤独地驾着车回家。自从工厂倒闭后，拜伦就没有找到过固定工作，他的生活节奏就像自己开的老爷车一样迟缓，但他还是没有放弃希望。天慢慢黑了下来，雪花越落越厚。

这时候，拜伦看到一位老太太被困在路边，旁边停着一辆奔驰轿车。外面已经很黑了，这么偏远的地方，老太太求援是很难的。“我来帮她吧！”拜伦一边想着，一边把老爷车开到奔驰轿车前停了下来。他朝老太太微笑了一下，可是老太太非常紧张。

老太太的轮胎爆了，只需换上备用胎就可以。但这对老太太来说，并不是件容易的事情。

站在寒风中，拜伦能读懂这位老太太的心思，便说：“我是来帮你的，老妈妈。你先到车子里去，里面暖和一点。别担心，我叫拜伦。”

拜伦钻到车底下，察看底盘哪个部位可以撑千斤顶把车顶起来。等将轮胎换好，他的衣服脏了，手也酸了。就在他将最后几颗螺丝上好的时候，老太太将车窗摇下，开始和他讲话。原来，老太太是从大城市来的，从这里经过……

拜伦一边听，一边将坏轮胎和修车工具放回老太太的后车厢。老太太问：“我该付你多少钱呢？你说个数字，多少钱都行！”因为她知道，如果拜伦没有停下来帮她，在这种地方和这个时候，什么事情都可能发生。拜伦回答说：“如果你真想报答我，那么下次看见别人需要帮助的时候你就去帮助别人。”之后，拜伦便开着自己的车走了。

在车子开出将近一千米的地方，老太太看到路边有一家小咖啡馆，便停车进去。女招待给她送来了菜单，老太太觉得这位招待的笑容让她感到很舒服。女招待挺着大肚子，看起来最起码有 8 个月的身孕了，可是她依然热情地招待客人。老太太想，是什么让这位怀孕的女人必须工作？她想起了拜伦。就在女招待拿着老太太的 100 美元现钞结账时，老太太却悄悄地离开了咖啡馆。

女招待返回来时，位置已经空了。她注意到老太太的餐巾纸上写着字：“这钱是我的礼物。你不欠我什么，我经历过你现在的处境。有人曾经像我帮助你一样帮助过我。如果你想报答我，就把这份情传下去！”在餐巾纸下，女招待还发现了另外的 300 美元！

晚上，女招待回到家里，躺在床上翻来覆去睡不着。老太太怎么知道她和丈夫正在为钱犯愁呢？孩子立刻就要出生了，费用却还没有着落，老太太真是雪中送炭。看着身边熟睡的丈夫，她侧过身去温柔地说：“一切都会好的，拜伦！”

感恩，是我们民族的优良传统，也是一个正直的人最起码的品格。德国著名哲学家尼采说，感恩是灵魂上的健康。“滴水之恩，当涌泉相报”这句谚语告诉我们，做人，要学会感恩！

感恩的关键就在于回报意识。所谓回报就是，对哺育、培育、教导、指引、帮助、支持乃至救护自己的人心存感激，并通过自己十倍、百倍的付出，用实际行动予以报答。回报，不仅是人的良知，也是我们待人处世的基本原则。

感恩，不仅是一种情操、一种美德，更是人生的大智慧。时常怀有感恩的心，就会多出一分温暖与快乐，少了一分冷漠与痛苦。真心回报他人，尽己所能帮助他人，才是知恩图报的本质！

养成赠予别人的好习惯

给予是一种美德、一种境界！给予一个贫穷的人，他可能成为富豪；给予一个患病者，他可能获得健康……给予是饱满的种子，会孕育着成片的森林，营造出迷人的风景。

泰戈尔说过：“埋在地下的树根使树枝产生果实，却并不要求什么报酬。”有时，给予是一种情感，给予也是收获，是做人的收获；给予也是快乐，给予也是幸福！

一位贤者问上帝：“什么是幸福？”上帝说：“请你随我而来。”

首先，上帝把他带到一个地方。这里有一个大锅炉，锅里浓汤滚滚，可是汤勺很长，根本无法喝到。一群人坐在锅炉旁，用汤勺往自己嘴里放，但无济于事，永远也喝不到美味的汤，十分痛苦。上帝说：“这里就是地狱。”

接着，上帝又把他带到另一个地方。这里，也有一个大锅炉、长汤勺，但这里的人们懂得给予，把汤勺里的食物往他人嘴里放，吃得十分幸福。上帝说：“这里就是天堂。”

当你呱呱坠地，开始呼吸这个世界的空气时，这就是给予，是父母给予了你生命；当你坐在庄严的教室里，琅琅读书时，这就是给予，是老师给予了你知识；当你失意彷徨，徜徉在操场上时，朋友及时的温暖话语，这就是给予，是朋友给予了你前进的动力……只要我们有一双善于观察生活的眼睛，给予无时无刻不在我们的周围。不会给予的人永远得不到幸福，只会痛苦一辈子！在创富之路上，要学会很多东西，其中学会给予是最重要的。

给予是一种美德、一种境界！给予一个贫穷的人，他可能成为富豪；给予一个患病者，他可能获得健康……给予是饱满的种子，会孕育着成片的森林，营造出迷人的风景。

1894 年，一位旅行者在撒哈拉大沙漠迷了路。不知走了多久，身上所带的物品几乎用尽，最可悲的是已经没有水可以喝了。他饥渴难忍，濒临死亡。他抬头向无边的沙漠望去，心中充满了期盼，多么希望有救援队或者其他的旅行者突然出现。可是，这一切都没有发生。

继续往前走，突然，他发现前方有一间废弃的小屋。屋里无人居住，空空的，但却有一个汲水器。尽管这样，他还是兴奋无比，用尽全身的力气汲水，但一滴水都没有。

旅行者沮丧至极，一下子瘫坐在地上。他环看小屋四周，发现旁边有一只水壶，壶上塞有一张纸条。纸条上写着“请先把壶中之水倒入汲水器，再去汲水。在走之前，请你装满这个水壶。”他打开盖子，壶中果然有水。这真是一个艰难的选择：是把水倒入汲水器，还是先喝下这水保住性命呢？他感到很矛盾，如果倒入汲水器之后仍然汲不出水，不是白白浪费了壶中的水了吗？可是，最后他还是毅然地将壶中的水倒入汲水器。果真，这一次汲水，涌出了清冽甘甜的水来。

旅行者喝了个够，并装满了自己所带的容器，又将壶里装满了水，最后在纸条上加了一句话：“相信我，纸条是真的，只有先去给予，才能尝到甘甜的水!”后来的人，也按照纸条上的意思去做了，没有一个人因饥渴而丧命于这一片区域。

是的，有时候，给予别人，就是给予自己!

给予是一种快乐、一种幸福，天空给了鸟儿辽阔的蓝天，鸟儿就有了飞翔的快乐；大海给了帆船扬帆的自由，帆船便有了乘风破浪的快乐。俗话说：“送人玫瑰手有余香。”给予别人，在他人得到快乐的同时，自己也会感到开心和快乐，感到幸福和自豪。

每一颗种子都蕴涵着成片成片的森林。但是你不能将种子储存起来；种子必须交给肥沃的土地。在这份给予中，它看不见的能量就转化成了有形的物质。为了使这个世界充满爱，我们永远要记住：爱心是用来奉献的，不是用来储存的!

泰戈尔说：“埋在地下的树根使树枝长出果实，却并不需要什么报酬。”给予是一种奉献，能让人收获快乐和幸福。如果想成为千万富翁，就先学会给予吧!

真正的富翁都懂得回馈社会

> 当一个人愿意为社会谋福利、乐意回馈社会的时候，财富也会来得越快；如果吝啬地认为，自己的钱得来不易，应当紧紧拴在自己的荷包里，也就泯灭了金钱的本性。你可以种一颗种子，看着它慢慢长大。每用一次钱，都是在助长钱的流动，它会加倍地再回来!

钱具有流动性，就像山中清澈的泉水一样，来去自如。一潭静止的水，表面上看起来虽然如明镜一样光滑无波，很多时候确是污浊的死水一潭；而泉水却是生生不息的活水，永远清洁而令人振奋。守财奴用钱的时候，宛如堵住了泉水的出口，旧水出不去，新水进不来，只能将原本活泼的活泉变成了一潭死水！

提到回报社会就不得不提“中国首善”——陈光标。

陈光标从一个小作坊起家到亿万富豪，从一无所有的普通人到中国首善，在企业家回报社会方面做了极好的典范。“企业做出了成绩，得益于党的好政策和社会给予的创业好环境。回馈社会是企业的责任”。陈光标说。

多年来，陈光标都对慈善公益事业身体力行。2005 年以来，陈光标个人先后出资约 3000 万元在其泗洪县天岗湖乡老家兴建了占地 50 亩的泗洪西南岗老年活动中心、占地 20 亩的农贸市场以及光彩幼儿园、建筑面积 2 万平方米的慈善产业，并承担起这些场地设施全部的管理运营维护费用。历经十年，这些产业市场价值初步估算约 7000 万元。

2015 年 4 月 1 日下午，陈光标在江苏泗洪县老家 200 多位乡亲面前，无偿将其所有的包括西南岗老年活动中心、农贸市场、光彩幼儿园约 7000 万元的全部产权和经营权捐赠移交给泗洪天岗湖乡联淮村委会。

金钱是一种能量，只有让其流动起来才能产生巨大的力量！英国哲学家培根曾经说过这样的话：“不要爱惜小钱，钱财是有翅膀的，有时它自己会飞去，有时你必须放它出去飞，好招引更多的钱来。”只有懂得付出金钱，才能创造一个更加积极的未来。作为企业家，懂得厚德载物，回馈社会，从而得到社会认可才是最高荣誉，是企业家们应尽的责任和义务。

2014 年 9 月 23 日，杭州娃哈哈集团有限公司董事长兼总经理宗庆后在《亚布力企业家论坛 2014 夏季高峰会》上讲话时表示，企业家要改变对财富的看法，要回馈社会，促进共同富裕。他认为，财富生不带来死也带不走，除了自己能消费的之外，其实财富都是社会的，因此要回馈社会，消灭贫富差距。要帮贫困人群，采用全员持股的办法让员工成为真正的企业主人，会使员工更加努力地工作，创造更多的财富。如果整个社会都富裕起来了，消费会增加，经济就会发展得更快。

金钱不是一切，无所谓好坏，却是一种能量、一种工具。通常，千万富翁都对金钱与财富有着不同的思考！真正的千万富翁都懂得，当一个人愿意为社会谋福利、乐意回馈社会的时候，财富也会来得越快；如果吝啬地认为，自己的钱得来不易，应当紧紧拴在自己的荷包里，也就泯灭了金钱的本性。你可以种一颗种子，看着它慢慢长大。每用一次钱，都是在助长钱的流动，它会加倍地再回来！

第二十二章
忍耐力强才会吸引财富

忍耐力较诸脑力，尤胜一筹。　　——无名氏

忍一时之辱，成一世之名

忍耐需要修养，需要度量，而忍辱负重则是一种境界。忍，乃是心头一把锋利的刀，要培养刀捅心头而不惊的气度，就要忍得了杀父之仇、夺妻之恨、胯下之辱、占攻之欺、争锋之伤。

古语说得好："做人要能伸能屈！"不能弯曲的树容易折断，不会弯曲的人总归会失败，而正是由于懂得弯曲，小草才会用一种以柔克刚的精神冲出乱石，在石缝中不断成长；正是由于懂得弯曲，雪松才会用一种坚忍顽强的意志抵抗住了积雪的重压，在恶劣的环境中独存；正是由于有了弯曲的盘山之路，我们才能顺利地登上顶级高峰……

在生命不堪重负的情况下，只有像小草和雪松那样适时有度地低头、躬腰，才不会压垮，命运之旅才能伸缩自如。

韩信是中国古代一位著名的军事统帅，他出身贫贱，从小就失去了双亲。他既不会经商，又不愿种地，家里也没有什么财产，过着穷困的生活。很多人都瞧不起他，常常是吃了上顿没下顿。

一天，有个屠夫看到韩信身材高大却佩带宝剑，以为他非常胆小，便在闹市里拦住韩信，说："你要是有胆量，就拔剑刺我；如果是懦夫，就从我的裤裆下钻过去。"围观的人都知道，这是故意找茬羞辱韩信，不知道韩信会怎么办。

韩信想一会儿，一言不发，然后便默默地从那人的裤裆下钻了过去。在场的人都哄笑起来，认为韩信是胆小怕死、没有勇气的人。这就是后来流传下来的"胯下之辱"的故事。

我们都知道，人不能"屈辱地站着"——无论多艰难，多困苦，多屈辱，都要站着。对一个人来说，钻裤裆是奇耻大辱，但韩信不得不钻。如果不钻，只有两个结果：一是他被那屠夫杀掉，从此也就没有了韩信；二是他把屠夫杀掉，他赢得暂时的胜利，但从此也没有了韩信，因为他杀人了，会被杀掉。韩信之所以能作为成大业的人物在中国历史上千古流传，就是因为他在忍辱负重时眼睛是看着未来的，心中有着远大的目标。

忍耐需要修养，需要度量，而忍辱负重则是一种境界。忍，乃是心头一把锋利的刀，要培养刀捅心头而不惊的气度，就要忍得了杀父之仇、夺妻之恨、胯下之辱、占攻之欺、争锋之伤……

《资治通鉴》上有如下记载。

唐朝宰相娄师德以忍让出名，弟弟外放山西代县做刺史。临别前，娄师德对弟弟说："我的才能不算高，但做到宰相。现在你又将去做地方官，朝廷对我们兄弟二人可谓是荣宠有加，别人一定会嫉妒的。你知道将来怎样做才能避免灾祸吗？"弟弟想了一想说："从今以后，即使有人把口水吐到我脸上，我也不还嘴，把口水擦去就是了。我以此来自勉，绝不让兄长担忧。"

娄师德听完后忧虑地说："唉，这恰恰是我最担心的。人家拿口水唾你，是人家对你发怒了，要泄愤。但如果你把口水擦了，说明你心中还是不满。不满而擦掉，使人家就更加发怒。你应该不擦让唾沫自干，微笑着化解它。”

这是成语“唾面自干”的出处。唾面擦去的做法，在娄师德看来仍是修养欠妥，举动不佳。“擦去”这个动作看似化解，心中实际还是蓄积了抑郁不平之气，也就是“着迹”了。《论语》说：“有若无，实若虚，犯而不校。”意思是受到别人的触犯或无礼就当没发生过一样，绝不计较。娄师德的“唾面自干”就是这样一种人生修养的大境界。

常言道：“人生不如意十之八九，能与言者无二三。”从根本上讲，一切不如意都是受“辱”，受一切痛苦就是“辱”。人生在世，真是如意事少，失意时多。只是同样是受辱，有修养的人和无修养的人的表现却大不相同：无修养的人面对“辱”常逞匹夫之勇，或是破罐破摔意志消沉；而有涵养的人面对“辱”则从容淡定、安处超然。

请记住：弯曲不是妥协，而是战胜困难的一种理智的忍让；弯曲不是倒下，而是为了更好、更坚韧地挺立；弯曲不是毁灭，而是为了让生命锻炼得更坚强。当我们懂得弯曲的时候，也就拥有了对厄运的一种快乐态度，也就学会了如何更好地保护自己，也就学会了用美的感觉面对人生的苦难！

在绝望中寻找希望，期待柳暗花明

绝境中，只有冷静下来，保持平和心态，才能想出解决问题的方法；如果无法自救，也要等待其他救助的到来。只有坚持信念，才能看到曙光、看到希望，才能在绝望中找到希望。

古人云“置之死地而后生”！犹如人生之路一样，创富之路也是坎坷的，难免会遇到天灾人祸，使自己处于绝境。面对绝望，我们是丧失勇气放弃生命呢？还是选择坚持，战胜困难，看到希望呢？我想，答案是肯定的！

“山重水复疑无路，柳暗花明又一村”，富于哲理，耐人寻味。这句古诗告诉我们，在人生的路上，有困难，有艰辛，有挫折，看似没有路走了，但只要坚定地向前走，一定能走出困境，看到美好的明天和未来。

一天，一头毛驴不小心掉进了一口枯井。他哀怜地叫喊求救，期待主人把它救出去。主人很喜欢它，听到它的叫声后，便召集了数位亲邻出谋划策，可是确实想不出好的办法来搭救毛驴。最后，有个人说：“反正毛驴已经老了，况且这口枯井迟早总要填上的，要不咱们就直接将这口井填埋了吧！”其他人表示同意。

于是，人们拿起铲子开始填井。当第一铲泥土落到枯井里时，毛驴疑惑了，大家为什么要往井里填土呢？当更多的泥土从它的头上落下的时候，它明白了，于是叫得更恐怖了。可是，上面的人根本就不听它的叫喊。

出于一种求生的本能，毛驴突然想到了一个办法。于是，当又一铲泥土落到枯井里时，毛驴出人意料地安静下来。之后，每一铲泥土打在毛驴背上的时候，它都会努力抖落背上的泥土，踩在脚下，把自己垫高一点。

人们不断往枯井里铲泥土，毛驴不停地抖落那些打在背上的泥土，使自己再升高一些……就这样毛驴慢慢地升到枯井口，在人们惊奇的目光中，潇洒地走出枯井。

很多时候，绝境与希望距离很短，只有一步之遥。身处绝境时，只要勇敢地跨出这一步，就会获得希望；相反，如果心生恐惧，坐着等死，无异于雪中加霜。在绝境中，只有冷静下来，保持平和的心态，才能想出解决问题的方法；如果无法自救，也要等待其他救助的到来。只有坚持信念，才能看到曙光、看到希望，才能在绝望中找到希望。

在创富的过程中，总要遇到绝境的挑衅，成功的意义就在于绝境向希望的逆转。身处绝境，能够拯救自己的恰恰只有自己！

1985年，海尔从德国引进了一条世界一流的冰箱生产线。一年后，用户反映说，海尔冰箱存在质量问题。在给用户换货后，海尔对全厂冰箱进行了检查，发现库存的76台冰箱虽然不影响冰箱的制冷功能，但外观有划痕。

时任厂长的张瑞敏便当着众人的面将这些冰箱当众砸毁，并提出"有缺陷的产品就是不合格产品"的观点，在社会上引起极大的震动。

作为一种企业行为，海尔砸冰箱事件不仅改变了海尔员工的质量观念，为企业赢得了美誉；而且，还引出了我国企业质量竞争的新局面，反映出我国企业质量意识的觉醒，对我国企业及全社会质量意识的提高产生了深远的影响。

陷入绝境时，等待是一种不太高明的选择，当残存的个人意志被绝境消磨殆尽后，只能坐以待毙。面对绝境，只有依靠自己，努力寻找希望，才能像落在枯井里的毛驴一样获得新生。

绝望的终点就是希望的开始！只要我们能熬过黑夜的绝望，必定能迎来黎明曙光。要相信，绝望中一定能看到希望！

韬光养晦，方能否极泰来

> 忍耐不是听天由命，逆来顺受，这种忍耐是处于弱势时的人生哲学。忍耐是以坚强的意志，为实现既定的目标而等待时机。它与"忍受"最大的不同之处是有所行动，有所作为。这种行动、作为，就是一方面积蓄力量，一方面又伪装掩饰，这就是韬晦。

从古至今，韬光养晦都是一种做人做事的哲学智慧。它被很多成功的人，尤其是那些处于弱势和不利环境的人，视为生存和发展的第一要诀。

在我国历史上，最善于韬光养晦的人物莫若刘备了，这也是刘备最大的人生智慧。在三国称雄之前，他成功地把自己装扮成一个胸无大志的庸才，努力扮演弱者的身份，不仅保住了性命，还以最弱的势力与强大的曹操、孙权一起称雄三国。

在最初割据之时，因为吕布的关系，刘备败给了曹操。曹操非常看重刘备的才能，认为他是一个不凡的人物，便打算授予他一定的官职。但是，刘备以自己无能兵败为借口坚持不受。可是，曹操却相信，刘备一定会是一个与自己争雄的对手。于是，便让刘备在自己的地盘住下来，借以观察刘备，看他是否果真像自己认为的那样；同时也可以更好地困住刘备。

刘备很清楚曹操的用意，于是便把自己的锋芒掩盖了起来，迷惑曹操。每天，他都在居舍的后院种菜、养花，担水浇菜，似乎安逸于眼下生活。

关羽、张飞不明白刘备的用意，不满地对刘备说："兄长不关心天下大事，每天都做这些小人做的活儿，难道忘记了我们当初的志向了吗?"刘备不便说明心机，担心两位耿直的兄弟坏了大事，就说："这不是你们能够理解的。"

一天，刘备正在后院浇菜，曹操派人来请刘备，说有紧急军事商议。刘备进门后，曹操当头就说："你在家做得好大事!"刘备吓得脸色都变了，以为曹操看破了自己的内心。可是，接下来便听到了曹操的话："学种菜可是不容易啊!"刘备放下心来，知道自己已经瞒过了曹操，就说："闲来无事，消遣而已。"

曹操邀请刘备到小亭饮酒。二人对坐，开怀畅饮。曹操说："你游览四方，定然知道当世英雄，请指点一二。"刘备故意顾左右而言他，曹操则指着自己和刘备说："如今的天下英雄，只有你和我!"刘备听曹操这样说，手中的筷子都掉了，以为曹操看破了自己。正好一阵雷声响过，刘备俯首捡起筷子说："一个响雷把我吓坏了。"就这样，把曹操欺瞒过去了。曹操将信将疑地认为刘备不过如此，一声雷就能吓掉筷子，不是什么英雄好汉。

这件事情过后，曹操不再疑心刘备具有称霸的雄心了，放松了对刘备的监视。不久之后，曹操派刘备率领数万雄兵征战，刘备逃离了曹操的掌控，开始了与曹操、孙权争雄的霸业历程。

韬光养晦的策略首先表现在行动和谋略上，即以静制动、以柔克刚，外在表现得低下、委屈、无能，使人对自己产生厌恶的感觉，放弃对自己的戒心。依靠这种“骗人”的假象减少外界的压力，松懈对方的警惕，而自己则暗中准备，狡猾“备战”，再瞄准时机，出奇制胜。

很多时候，我们也面临这样的生存环境：处于不同的身份位置，必须学会隐藏自己的锋芒，学会韬光养晦。如同刘备一样，隐藏锋芒不是平庸的退让，而是为了寻找合适的时机雄起。在当时的情况下，刘备如果不懂韬光养晦，必定为曹操所不容，必定招来杀身之祸。

“大智若愚”就是要求在平凡中表现不平凡，在消极中表现狡猾，平凡和消极是为了保护自己，不凡和狡猾是为了赢取胜利。这是一种生存的哲学，更是人生的智慧！

汉光武帝刘秀小时候，在家表现得十分勤快，十分憨厚、平和。他虽想出人头地，但从来不露声色。为此，哥哥刘缜自比刘邦（少时是一个浪荡公子），把刘秀比作刘邦的二哥刘喜（目光短浅，胸无大志），很是瞧不起他，并常常以此嘲笑刘秀。

刘秀去长安读书，当他读到《论语》中“子曰：‘巧言乱德，小不忍则乱大谋。’”一句时，简直是手舞足蹈地说：“说得太好了，太好了，真是一针见血！”从此，他便以这句至理名言规范自己的言行。

刘缜、刘秀兄弟二人发动青陵起义，结果皇帝却被刘玄当上，刘缜心中很不高兴。刘玄知道，刘缜性情蛮横，野心勃勃，再加上以他为首的青陵兵在与王莽的军队作战中节节胜利，战功卓著，这一切对自己的皇帝宝座是个巨大的威胁。所以，总想找个借口除掉刘缜。

刘稷是刘缜的部将，听说刘玄当了皇帝，心中也十分不满，便大发牢骚说："今起兵图谋大事，全是刘缜的功劳，他刘玄算个什么东西，有什么资格配称皇帝?"刘玄听后，想收买刘稷，封他为抗威将军，刘稷拒不接受。刘玄要杀刘稷，遭到刘缜反对。刘玄一怒之下，便将刘缜、刘稷一起杀掉；尔后，为了斩草除根，便伺机将刘秀杀掉。

当刘缜被杀的消息传来时，刘秀为避免过早与刘玄发生正面冲突，极力克制自己，立即从出征的战场赶来当面向刘玄谢罪。他对自己所立战功只字不提，而且深深引以自责。刘秀"以小忍成大谋"的表演，使刘玄解除了猜忌，改变了对他的看法。

三个月以后，刘秀以破虏大将军行大司马事的身份被派往河北。刘秀便摆脱了刘玄的监视和控制，迅速招兵买马，网罗人才，扩充实力。在到任后不到一年的时间里，他便发展到十余万人，有了一大批忠心耿耿的战将，具备了和刘玄抗衡的力量，之后和刘玄分道扬镳了。

经过一番成功的韬晦表演，刘秀终于转危为安、逢凶化吉，不仅没有受到牵连，反而加官晋爵，为其以后建立东汉王朝保存了实力，最终成就了东汉王朝的一统大业。

孔子曰："巧言乱德，小不忍则乱大谋。"对于孔子这句至理名言，东汉开国皇帝刘秀算是学到了家。刘缜易于喜怒，专横跋扈，锋芒外露，成了刘玄的刀下之鬼。刘秀性格内向，事不外露，城府深沉，容忍一时而不乱大谋。

忍耐不是听天由命，逆来顺受，这种忍耐是处于弱势时的人生哲学。忍耐是以坚强的意志，为实现既定的目标而等待时机。它与"忍受"最大的不同之处是有所行动，有所作为。这种行动、作为，就是一方面积蓄力量，一方面又伪装掩饰，这就是韬晦。

参考文献

[1] 荷西修士．富翁只有一个秘密［M］．何迟，译．北京：新星出版社，2011.

[2] 任宪法．白手创业［M］．北京：中国经济出版社，2011.

[3] 福克斯．报童瑞恩：送报纸的巴菲特美国式直线创富法则［M］．田丽，译．北京：中国青年出版社，2011.

[4] 休·麦凯．欲望心理学看人看到骨头里［M］．王莹，译．北京：中国友谊出版社，2013.

[5] 宿春礼，刑群麟．思路决定出路大全集［M］．北京：中国华侨出版社，2010.

[6] 富兰克林·霍布斯．财富的秘书［M］．张青，译．北京：企业管理出版社，2014.

[7] 成秉权．怎样理财［M］．北京：经济科学出版社，2009.

[8] 查尔斯·理查德．心态成就财富［M］．穆瑞年，霍明，于天文，译．北京：机械工业出版社，2012.

[9] 孔庆楠，薛晋蓉．悦读时光：富人的秘密［M］．长春：北方妇女儿童出版社，2015.

[10] 德巴蒂尼．腰缠万贯：获取财富的意识和技巧［M］．张燕宁，译．成都：四川出版集团，2009.